高等院校艺术设计专业系列教材

服装设计图技法
FUZHUANG SHEJITU JIFA

孙戈 主编

人民美术出版社

图书在版编目（CIP）数据

服装设计图技法/孙戈主编.——北京：人民美术出版社，
2010.8（2011.8重印）
（高等院校艺术设计专业系列教材）
ISBN 978-7-102-05107-9

Ⅰ.①服… Ⅱ.①孙… Ⅲ.①服装－绘画－技法（美术）
－高等学校－教材 Ⅳ.① TS941.28

中国版本图书馆 CIP 数据核字 (2010) 第 143487 号

主　编：孙　戈
参　编：汤惟琼　闫维远
模板设计：何　宇

高等教育"十二五"全国规划教材

服装设计图技法

出　　版：	人民美术出版社
地　　址：	北京北总布胡同32号 100735
网　　址：	www.renmei.com.cn
电　　话：	艺术教育编辑部：(010)65232191　65122581
	发行部：(010)65252847　65593332　邮购部：65229381

再版责编：左筱榛
原版责编：卢援朝　黄　贞
版式设计：汤维琼
封面设计：黑蚁公司
责任校对：马晓婷　文　娅
责任印制：赵　丹
制版印刷：北京宝峰印刷有限公司
经　　销：人民美术出版社
2010年8月　第1版　第1次印刷　2011年8月第2次印刷
开　本：787毫米×1092毫米 1/16　印　张：8
印　数：2001-4000册
ISBN 978-7-102-05107-9
定　价：38.00元

版权所有　侵权必究
如有印装质量问题，请与我社联系调换。

总　序

　　肇始于20世纪初的五四新文化运动，在中国教育界积极引入西方先进的思想体系，形成现代的教育理念。这次运动涉及范围之广，不仅撼动了中国文化的基石——语言文字的基础，引起汉语拼音和简化字的变革，而且对于中国传统艺术教育和创作都带来极大的冲击。刘海粟、徐悲鸿、林风眠等一批文化艺术改革的先驱者通过引入西法，并以自身的艺术实践力图变革中国传统艺术，致使中国画坛创作的题材、流派以及艺术教育模式均发生了巨大的变革。

　　新中国的艺术教育最初完全建立在苏联模式基础上，它的优点在于有了系统的教学体系、完备的教育理念和专门培养艺术创作人才的专业教材，在中国艺术教育史上第一次形成全国统一、规范、规模化的人才培养机制，但它的不足，也在于仍然固守学院式专业教育。

　　国家改革开放以来，中国的艺术教育再一次面临新的变革，随着文化产业的日趋繁荣，艺术教育不只针对专业创作人员，培养专业画家，更多地是培养具有一定艺术素养的应用型人才。就像传统的耳提面命、师授徒习、私塾式的教育模式无法适应大规模产业化人才培养的需要一样，多年一贯制的学院式人才培养模式同样制约了创意产业发展的广度与深度，这其中，艺术教育教材的创新不足与规模过小的问题尤显突出，艺术教育教材的同质化、地域化现状远远滞后于艺术与设计教育市场迅速增长的需求，越来越影响艺术教育的健康发展。

　　人民美术出版社，作为新中国成立后第一个国家级美术专业出版机构，近年来顺应时代的要求，在广泛调研的基础上，聚集了全国各地艺术院校的专家学者，共同组建了艺术教育专家委员会，力图打造一批新型的具有系统性、实用性、前瞻性、示范性的艺术教育教材。内容涵盖传统的造型艺术、艺术设计以及新兴的动漫、游戏、新媒体等学科，而且从理论到实践全面辐射艺术与设计的各个领域与层面。

　　这批教材的作者均为一线教师，他们中很多人不仅是长期从事艺术教育的专家、教授、院系领导，而且多年坚持艺术与设计实践不辍，他们既是教育家，也是艺术家、设计家，这样深厚的专业基础为本套教材的撰写一变传统教材的纸上谈兵，提供了更加丰富全面的资讯、更加高屋建瓴的教学理念，使艺术与设计实践更加契合的经验——本套教材也因此呈现出不同寻常的活力。

　　希望本套教材的出版能够适应新时代的需求，推动国内艺术教育的变革，促使学院式教学与科研得以跃进式的发展，并且以此为国家催生、储备新型的人才群体——我们将努力打造符合国家"十二五"教育发展纲要的精品示范性教材，这项工作是长期的，也是人民美术出版社的出版宗旨所追求的。

　　谨以此序感谢所有与人民美术出版社共同努力的艺术教育工作者！

中国美术出版总社　社长
人民美术出版社

目录 contents

1 第一章 服装设计图概述

2 第一节 服装设计图的概念与特征
 2 一、服装设计图的概念
 5 二、服装设计图的特征

5 第二节 服装设计图的功能与目的
 5 一、服装设计图的功能
 5 二、服装设计图的目的

6 第三节 学习服装设计图的方法与使用工具
 6 一、服装设计图的学习方法
 6 二、服装设计图的使用工具

2 第二章 人体的表现技法

12 第一节 人体的基本结构与造型
 14 一、人体结构与比例
 16 二、人体的动态造型画法

20 第二节 人体局部的画法
 20 一、头部的造型与画法
 28 二、手与手臂的造型与画法
 30 三、脚与腿的造型与画法

3 第三章 服装的表现技法

34 第一节 服装的结构造型与画法
 35 一、人体与服装的空间关系透视比例
 36 二、上装结构造型的画法
 42 三、下装结构造型的画法

44 第二节 服装衣纹与光影的画法
 44 一、人体结构造型与光影的画法
 44 二、人体动态造型与衣纹的画法
 46 三、服装造型与褶裥的画法

49 第三节 服装面料质感的画法
 49 一、轻薄面料的画法
 52 二、厚重面料的画法
 54 三、反光面料的画法
 56 四、特殊面料的画法
 58 五、综合面料的画法

4

第四章
服装设计图的表现技法

64 第一节 服装款式图的画法
　64 一、线描示意法
　66 二、造型表现法

68 第二节 服装效果图的画法
　68 一、速写草图画法
　72 二、线描写实画法

75 第三节 色彩的表现技法
　75 一、马克笔的表现技法
　79 二、水溶笔的表现技法
　84 三、色粉笔的表现技法
　89 四、油画棒的表现技法
　95 五、水彩色的表现技法

5

第五章
服装设计图的应用实例

102 第一节 产品款式图的应用设计
　102 一、针织服装的款式图表达
　104 二、梭织服装的款式图表达
　106 三、皮革服装的款式图表达

107 第二节 参赛效果图的应用设计
　107 一、女装效果图的应用设计
　118 二、男装效果图的应用设计

121 参考书目

122 后记

设计师推荐

　　服装设计图的功能，是通过技法的训练来提高绘制服装效果图、产品款式图的能力，使之能体现设计师在理念、风格、流行、色彩、造型及用料等方面的设计意图，并采用准确、严谨、简洁、实际的绘画语言，达到指导成衣生产的作用，所以服装设计图是通过图来解决"做"的问题，而不是解决"画"的问题。长期的专业教学及产品设计的实践证明了此环节的重要性。

本书导读

对阶段性的理论知识点进行注释、追根溯源，对技法步骤点明要点。

技法宝典

学习服装设计图的三个步骤

首先掌握
人体的结构、比例、动态造型规律
↓
其次掌握
人体与服装的空间关系

"案例解读"，通过对大量学生案例的剖析，让同学了解每阶段作业的标准和目标。

案例解读

人体动态与服装造型的完美结合，简练、概括而不失细节的描绘。它比服装款式图更能准确、完整地反映出着装后的整体效果。

经典赏析

失岛功作品欣赏
　　脸部化妆主要表现在眉、眼、嘴、腮等部位，化妆的表现及色彩要与穿着的服装造型及风格相互呼应，并形成整体的统一，使之更好地表现出人物的气质与风度。

即时训练

1. 参考服装摄影资料，分别画出五种正面、半侧面透视后的领形。
2. 选择手臂叉腰的姿态，画出十种不同造型、不同面料的袖子造型设计。
3. 画出当视点在腰线上方时的五种裙子的造型设计。

"即时训练"板块将为同学们量身定做阶段性的、实践性的设计项目作业体系，帮助同学们有效地提高动手能力，活跃思维，激发主动性。

第一章 服装设计图概述

2　第一节　服装设计图的概念与特征
2　　　一、服装设计图的概念
5　　　二、服装设计图的特征

5　第二节　服装设计图的功能与目的
5　　　一、服装设计图的功能
5　　　1.服装造型方面
5　　　2.服装结构方面
5　　　3.服装工艺方面
5　　　二、服装设计图的目的

6　第三节　学习服装设计图的方法与使用工具
6　　　一、服装设计图的学习方法
6　　　二、服装设计图的使用工具
6　　　◇画笔类
7　　　◇颜色类
8　　　◇其他用品
9　　　◇笔的表现

第一章　服装设计图概述

第一节　服装设计图的概念与特征

一、服装设计图的概念

服装设计图是服装绘画的一个种类，它不同于服装插图、服装宣传画的表现形式。它是体现在自然状态下，人着装后整体效果的设计方案。它应准确地完成服装的款式、造型、结构、工艺、面料质感、图案纹样以及色彩的搭配等设计内容，也要反映出品牌的内涵、设计理念和市场目标的定位。

服装设计图包括服装款式图和服装效果图两种形式。

本章引言

服装画技法一般作为服装设计专业的主干课之一，但长期以来对该课程的教学目的，在认识上较为模糊，导致很多学生在毕业设计、效果图参赛及走上工作岗位后的设计表达上，出现了概念上的误区，总将夸张、变形的服装画等同于服装设计图，又由于没有对品牌设计的认知与实践经验，故而只是把图当成画去完成，没有针对服装的三维造型、结构工艺状态进行周密的构思与详细的表达，导致很多设计都半途而废，即便制作出来，也与其设计初衷差得很远。

本章通过对服装设计图的概述，使学生认识到学习服装设计图的目的与要求。

本章重点

服装设计图的概念
服装设计图的功能
服装设计图的学习方法

本章难点

服装设计图的概念
掌握学习服装设计图的三大步骤

建议课时

8课时

经典赏析

该图用较为写实的手法表现出设计师在款式、造型、面料、色彩等方面的构思。作者主要利用水彩色及透明膜等综合材料进行表现，我们通过画面看到面部、发型及部分肢体的肤色用笔简洁熟练、用色淡雅细腻，在裘皮围脖与皮革配饰的表现上强调了质感及肌理，另外，在服装格子纹样的处理上，先表现出服装褶皱及光影的效果，再使用透明膜表现出面料的质地、纹样的特征，较好地表现出服装的整体效果。

《美开乐》杂志　　**服装款式图形式的设计图**

第一章 服装设计图概述　3

案例解读

这是2007年皮装品牌的产品设计，我们通过服装款式图与成衣图片的比对，不难看出一张符合构思要求的款式设计图，必须准确地勾画出款式造型的基本比例及结构、工艺等设计信息，并将领型、口袋、腰部等局部的外形特点与细节设计要求按款式的比例特征表现出来。

服装款式图形式的设计图

在服装款式图中不仅要表现款式的造型特征、结构工艺等设计内容，还应包括构思中的款式比例与细节设计的体现，如此款服装，我们通过成衣图片，不难看出有经验的设计师在构思之初款式图的勾画中，就已明确了对其在肩部、袋盖、袖口等部位的明线设计，以及领部、下摆等部位的打钉设计等内容。

案例解读

结合左侧两幅成衣的照片，从上图的服装效果图中不难看出人体动态与服装造型的完美结合，简练、概括而不失细节的描绘。它比服装款式图更能准确、完整地反映出着装后的整体效果，其中包括人物的面部化妆、发型及饰品的设计内容，使我们通过设计图能更好、直观地了解到服装款式的特征及结构造型。

二、服装设计图的特征

服装设计图是服装行业中设计、制版、生产等一系列工作过程中的一个重要环节。它以绘画的形式来表达设计者对服装产品的构思与定位，充分地体现出人与服装的造型关系及风格理念。

它主要表现出以下三种特征：其一是以常规状态下的人体为基础，完成服装的设计，使服装本身的造型不会因人体比例的艺术夸张而变形，能准确地反映从设计图到成衣效果的一致性。其二是不过多地突出和强调现实中的衣纹变化，应用简练、概括的线条来表现面料的肌理及衣纹的状态。其三是准确、完整地反映出着装后的整体效果，其中包括人物的面部化妆、发型及饰品的设计内容，使我们通过设计图能直观地了解到服装款式的特征及结构造型。

第二节　服装设计图的功能与目的

一、服装设计图的功能

服装设计图与纯绘画或艺术性时装画等艺术表现形式不同，它不是为满足大众艺术欣赏的审美需求，而在于为样衣的制作提供了造型、结构、工艺的依据。

其具体功能主要体现在服装造型、服装结构、服装工艺等三个方面：

(一) 服装造型方面

主要通过人体与服装造型关系的表现，反映出着装后的面料及服装三围状态的设计效果。为制版环节中的首要问题——规格设计提供了比例造型的依据。

(二) 服装结构方面

主要是通过服装外部廓形与内部构造的结构关系，反映出服装款式各部位，如领型、袖型、身型、省道、褶裥、口袋等设计特点，并在关键的细节设计上，配以文字说明及设定尺寸范围，为制版人员准确地完成版型设计，提供了重要的参考方案及结构造型的依据。

(三) 服装工艺方面

主要指通过服装整体造型的工艺表达，突出反映在明线的位置、针距的大小及图案纹样等工艺处理，并以图解的形式将工艺的特殊要求详细说明。

二、服装设计图的目的

服装设计与工业设计、建筑设计均属造型设计范畴，其设计的过程都需将设计构思的内容以效果图的形式表现出来。服装设计图不同于艺术性时装画，带有很强的装饰性、商业性，以营造一种时尚概念的氛围为目的。服装设计图的着眼点是服装造型，它利用产品的市场目标——消费群体（性别、年龄、体型、气质等因素）来反映着装后的整体效果，其表达形式区别于其他的设计门类，它只有通过人体，才能最好地展示出来。因此，它是一个综合性的设计方案，需将款式、色彩、面料、品牌风格、市场目标等系列内容形成一个整体的设计理念。

然而，在设计过程中不可能将所有的款式都制作成样衣，这将造成极大的浪费。绘制服装设计图则是展示设计者构思的最方便、最快捷、最经济的途径，使我们可以在款式没有制作完成之前，就能对其进行评审筛选，并能使制版师、工艺师根据服装设计图的特征，并通过与设计师的简单沟通，理解款式设计的意图，较为准确地完成结构制版及工艺缝制的要求。作为一名有水平的职业设计师，必须具备较高的服装设计图的表现能力，才能将自己的设计构思充分地体现出来。

第三节　学习服装设计图的方法与使用工具

一、服装设计图的学习方法

服装设计图是服装制版、制作的主要依据与方案。一张合格的设计图，不仅是设计者在设计风格、创意理念上的完美体现，还要将服装结构及工艺处理等方面的构思，充分准确地表现出来。

学习服装设计图技法，必须首先对服装结构原理、工艺缝制等环节的专业理论与实践技能有所认识与了解。对服装结构透视原理的了解与掌握，是画好服装设计图的先决条件。

另外，对人体结构、人体比例、人体动态造型规律的掌握，也是画好服装设计图的首要课题。

由于大多数初学者绘画的造型能力较弱，所以应从人体的结构、比例及动态造型的训练入手。开始时可以根据几个常规的人体造型进行反复的临拓训练，同时参考人体摄影的资料，观察人体在不同的动态造型下体表曲线的变化规律，并根据摄影图片上的人体动态，进行线描训练，直到可以准确地表现出符合服装设计图要求的人体动态造型。根据不同的人体造型姿态，再把设计好的服装准确地描绘在人体上。

因此，初学者可以参考临摹优秀的服装设计图作品，通过仔细地观察、反复地练习，熟练地掌握人体与服装的空间关系、动态与衣纹的位置关系、造型与面料的状态关系。

最后要掌握的是色彩表现技法。很多专业教材都介绍了运用各种不同颜色材料的表现技法。实际上，职业设计师大多是通过一两种颜色材料的结合，综合地运用在一张服装设计图上，所以在这里，我们要遵循这样一个规律，服装设计图的目的是服务于成衣生产等环节，能准确地反映出设计者在服装的色、型、质及结构、工艺等方面的设计意图即可，不需要进行艺术性的夸张与渲染，色彩的表现技法应从实际出发，可根据个人的特点，选择一两种颜色材料进行训练，直至掌握。

通过从人体到服装、从设计图到时装摄影的大量临习、观察及默写，由简到繁，循序渐进，不断地提高专业知识及职业素养，就可以将自己的构思与创意表现在服装设计图上。

二、服装设计图的使用工具

服装设计图采用的绘制工具种类繁多，特点鲜明，主要是为了设计意图及表现效果服务，以下介绍几类常用的工具。

技法宝典

学习服装设计图的三个步骤

首先掌握
人体的结构、比例、动态造型规律
↓
其次掌握
人体与服装的空间关系
动态与衣纹的位置关系
造型与面料的状态关系
↓
最后掌握
一两种颜色材料的结合，
综合地表现在一张服装设计图上

— 小号白云笔
— 大号白云笔
— 水彩笔
— 板刷
— 签字笔
— 彩色马克笔
— 双头彩色马克笔
— 双头水性马克笔
— 油性马克笔
— 方头水性马克笔
— 水溶性彩色铅笔
— 水溶性色粉笔
— 水溶性彩色蜡笔
— 白板笔
— 油性马克笔
— 方头特大马克笔

画笔类 毛笔主要采用衣纹笔、白云笔、油画笔及小板刷等用于勾线及染色等环节；马克笔有水性和油性之分，可选择不同深浅的灰色、彩色与黑色配合使用，来体现服装明暗变化的层次。

另外，铅笔、水溶性铅笔、水溶性色粉笔、蜡笔、签字笔等也可结合使用。

颜色类

(1)水溶性彩色铅笔；(2)水溶性彩色炭精条；(3)水溶性彩色铅芯笔；(4)金属色马克笔；(5)水溶性彩色粉画笔；(6)矿物水粉色；(7)水性彩色马克笔。

其他用品

(1)多功能笔盒；(2)绘画固定液；(3)粉笔画固定剂；(4)胶棒；(5)笔洗；(6)喷壶；(7)调色盒；(8)削笔器；(9)美工刀；(10)剪子；(11)燕尾夹；(12)擦笔；(13)透明胶带；(14)橡皮及可塑橡皮；(15)尺子；(16)画板。

笔的表现　　(1)白板笔；(2)油性马克笔；(3)方头特大马克笔；(4)0.5mm签字笔；(5)彩色马克笔；(6)水溶性色粉笔；(7)擦笔；(8)白云笔；(9)水溶性铅笔；(10)勾线笔；(11)水性马克笔；(12)荧光马克笔；(13)尼龙毛水彩笔等。

　　初学者在开始训练时，可选择雪莲纸、硫酸纸，既可做拷贝，价格又很便宜。一般采用无肌理的绘画用纸，如图画纸、素描纸、有色纸、黑卡纸、复印纸等。

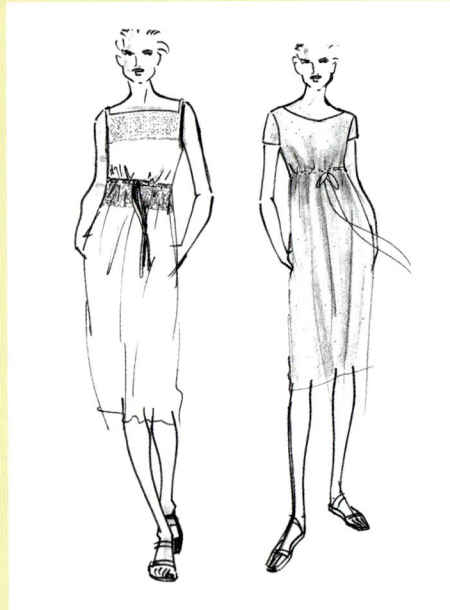

经典赏析

厚重面料1

轻薄面料

厚重面料2

皮革面料

即时训练

1. 借助服装绘画资料找出服装设计图与艺术性时装画的区别。
2. 通过大量练习，熟悉多种画笔的性能与特点，为后面的学习做好准备。
3. 运用本章介绍的画具，通过练习熟悉其性能与特点。

第二章 人体的表现技法

12	第一节　人体的基本结构与造型
14	一、人体结构与比例
16	二、人体的动态造型画法
16	（一）人体的动态范围及造型规律
18	（二）人体动态造型的画法
20	第二节　人体局部的画法
20	一、头部的造型与画法
20	（一）头部的基本结构与比例
21	1. 头部造型的画法
23	2. 眼睛造型的画法
23	3. 鼻子、耳朵造型的画法
24	4. 嘴唇造型的画法
24	（二）化妆发型的画法
25	1. 脸部化妆的画法
27	2. 人物发型的画法
27	（三）帽子的画法
28	二、手与手臂的造型与画法
28	（一）手的比例与造型画法
29	（二）手臂的造型画法
30	三、脚与腿的造型与画法
30	（一）脚与鞋的造型画法
31	（二）腿脚的造型画法

第二章　人体的表现技法

第一节　人体的基本结构与造型

人体是一个复杂的肌体，其中的所有组成部分之间都紧密地联系着，并结合成一个不可分割的整体。

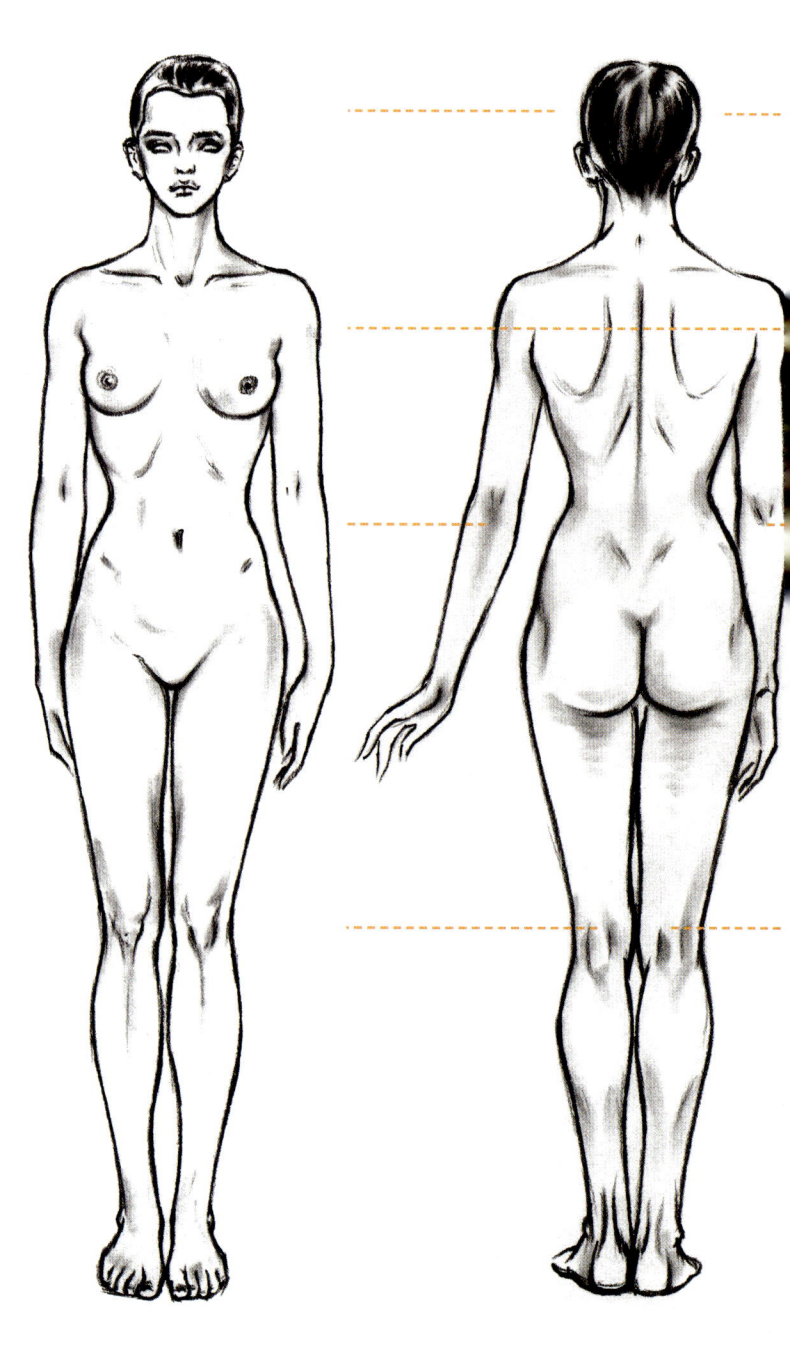

本章引言

本章人体表现技法是学习服装设计图的基础。不仅如此，了解并掌握人体的结构比例及造型也是学习服装设计专业的重要课程。我们通过对人体各部位的结构、造型的观察与描绘，更好地理解人体动态造型的规律，也是我们表现服装设计图的重要依据。

本章重点

人体基本结构与比例
人体的动态造型的规律与画法
人体局部的画法

本章难点

人体动态造型的规律
头部五官的造型与画法
手与脚的造型与画法

建议课时

20课时

技法宝典

人体的构造由这四个基本部分组成。不仅要了解其名称，还要参照人体艺用解剖书和人体摄影图片，反复观察比对，感受其不同角度下的三维造型。这才是学习的重点。

头部（分为脑颅和面颅两部分）；
躯干（分为颈、胸、腹、背四个部分）；
上肢（分为肩、上臂、肘、前臂、腕和手六个部分）；
下肢（分为髋、大腿、膝、小腿、踝、足六个部分）四个部分。

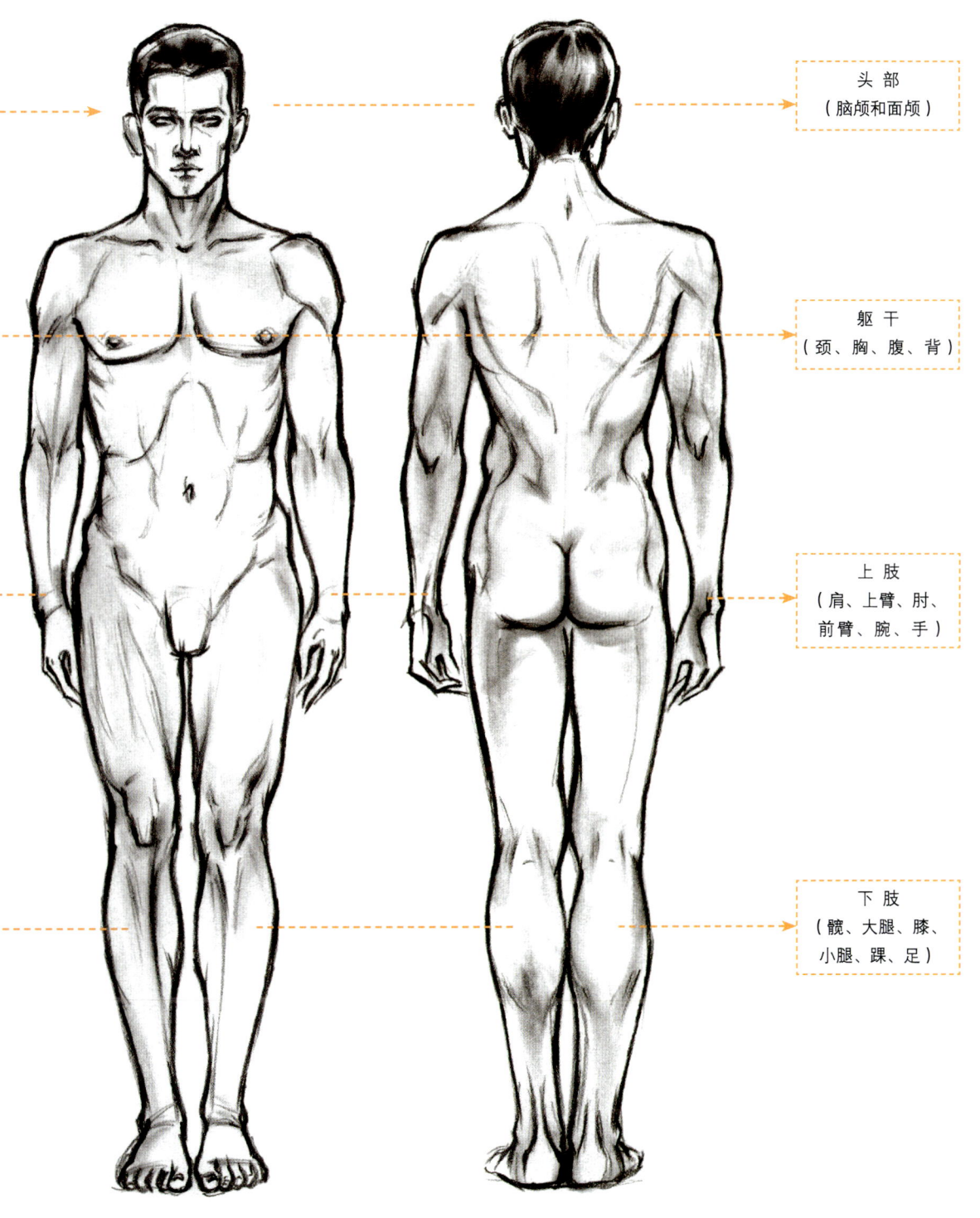

头 部
（脑颅和面颅）

躯 干
（颈、胸、腹、背）

上 肢
（肩、上臂、肘、
前臂、腕、手）

下 肢
（髋、大腿、膝、
小腿、踝、足）

男性和女性人体的基本结构与造型

> **知识链接**
>
> 服装画人体比例特征：以女性人体为例，亚洲人的一般比例为六至六个半头高，欧洲人的一般比例为七至七个半头高，服装设计图要求完成的人体比例为七个半头至八个头高为最佳，因为在服装设计图的表现中，过于夸张的人体比例会与制作出来的服装相差甚远。

一、人体结构与比例

在表现女性人体的比例时，先将头顶至踝部的长度，分为7.5份或8份，也就是七个半头体或八头体。

人体的中心线与第一线相交处为下颌的位置。第一线至第二线的二分之一处为颈窝及肩线的位置，第二线至第三线的三分之一处，为乳下线的位置，乳头恰好在第二线至三分之一处中心点位置，第三线为腰线及肘线的位置，第三线至第四线的三分之二处为臀线的位置，人体的中心线与第四线相交处为耻骨及手腕的位置，第五线至第六线的二分之一处为膝线的位置，人体的中心线与第七线的相交处为脚踝的位置。

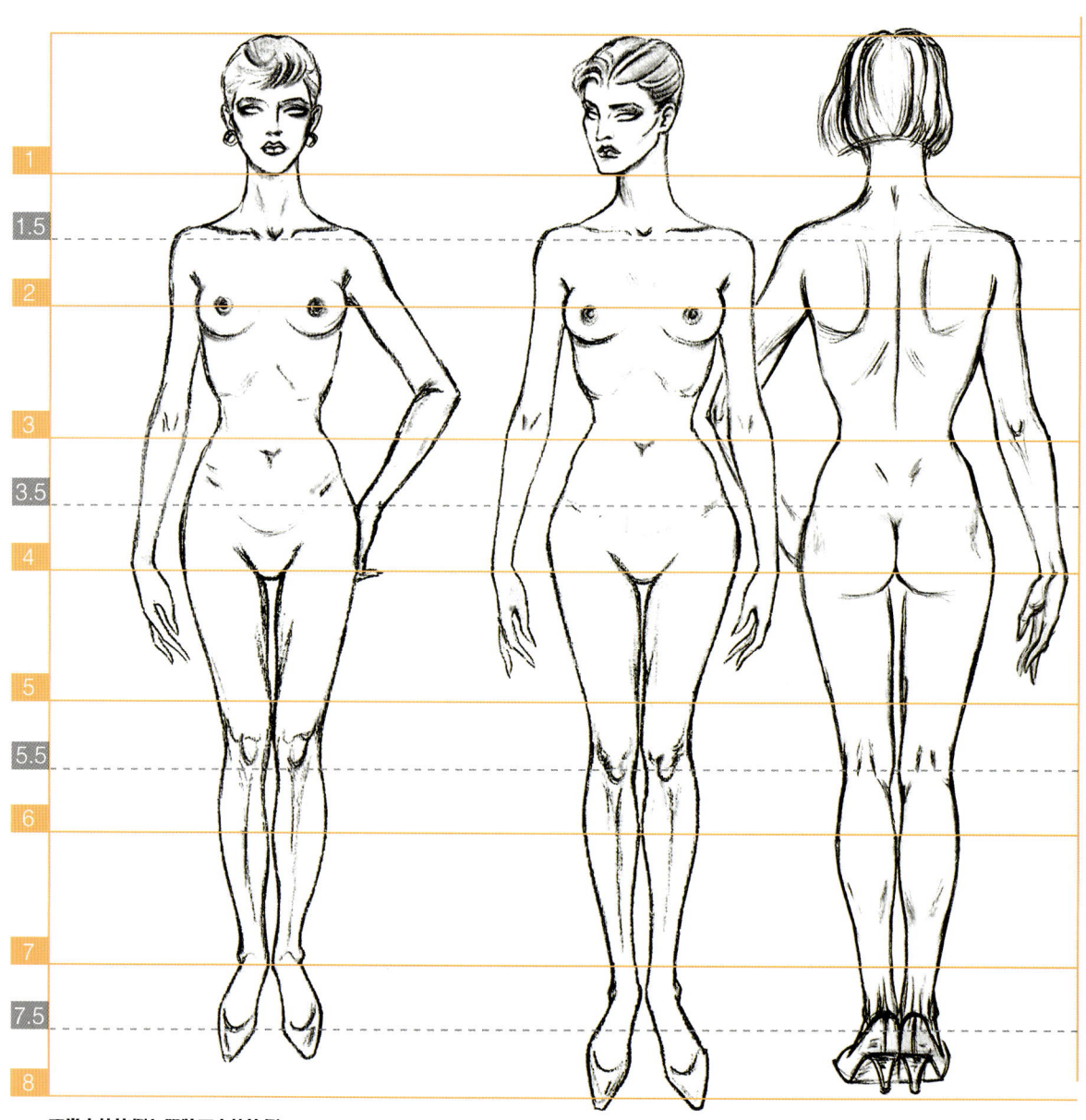

正常人体比例与服装画人体比例

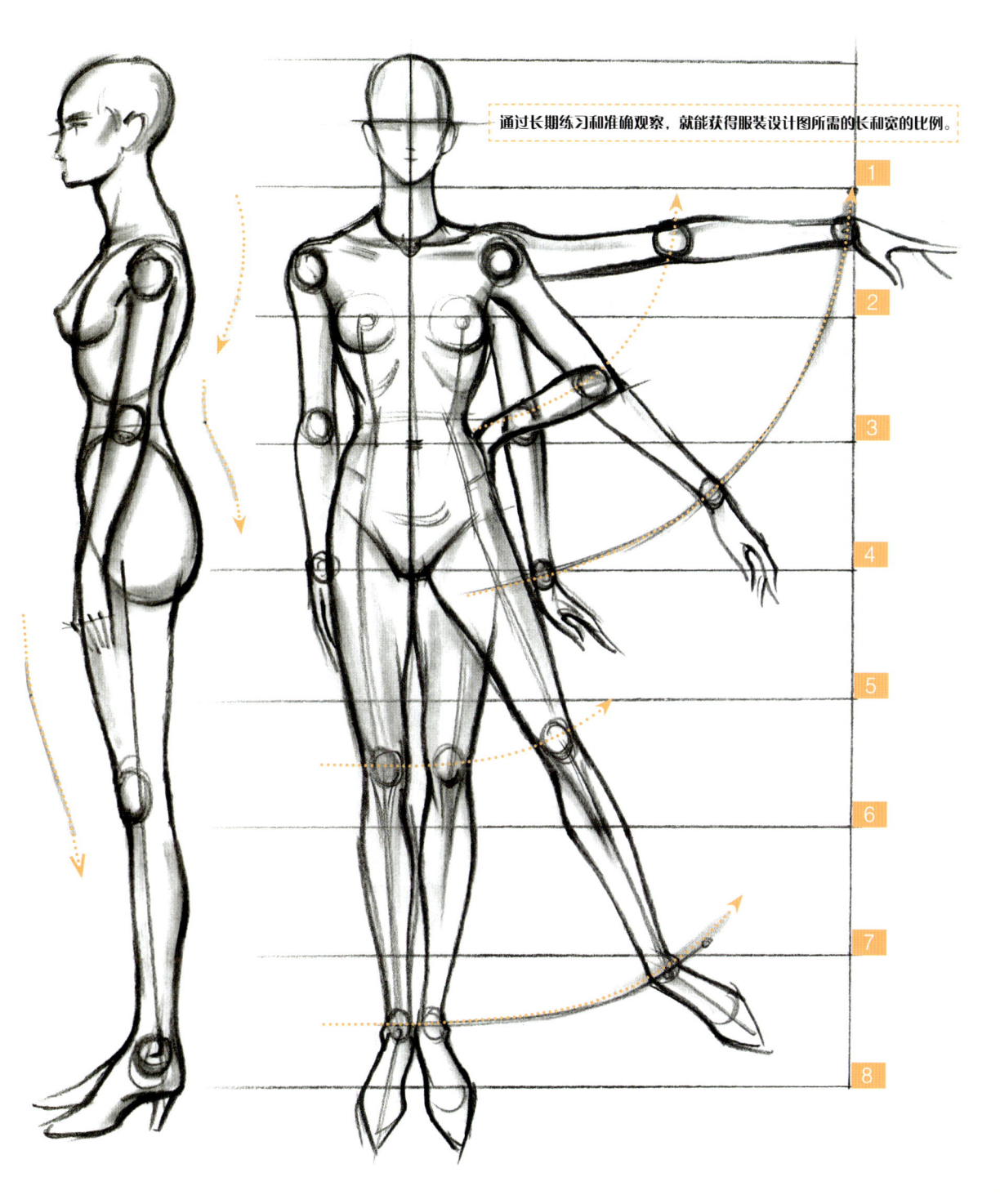

通过长期练习和准确观察，就能获得服装设计图所需的长和宽的比例。

女性肩部的宽度为一个半头长，腰部的宽度基本为一个头长少一点，臀部的宽度为一个半头长。女性的体型轮廓线特点为X型。

男性的人体比例，基本上与女性相同，在表现男性人体的比例时，一般按八头体的比例。

男性肩部的宽度约为两个头长，腰部的宽度约为一个头长多一点，臀部的宽度为一个半头长，肩线的位置在第一线至第二线的三分之一处，腰线比女性略低一点。男性颈粗、肩宽，肌肉发达，四肢粗壮，上宽下窄，体型廓线的特征为Y型。

二、人体的动态造型画法

（一）人体的动态范围及造型规律

知识链接

人体直立的造型规律

从正面看，人体的中心线垂直于地面，以中心线为界，人体左右两部分是互相对称、平衡的。

从侧面看，人体前后的曲线呈不对称式，但人体的曲线相互联系，人体也因此而保持平衡。

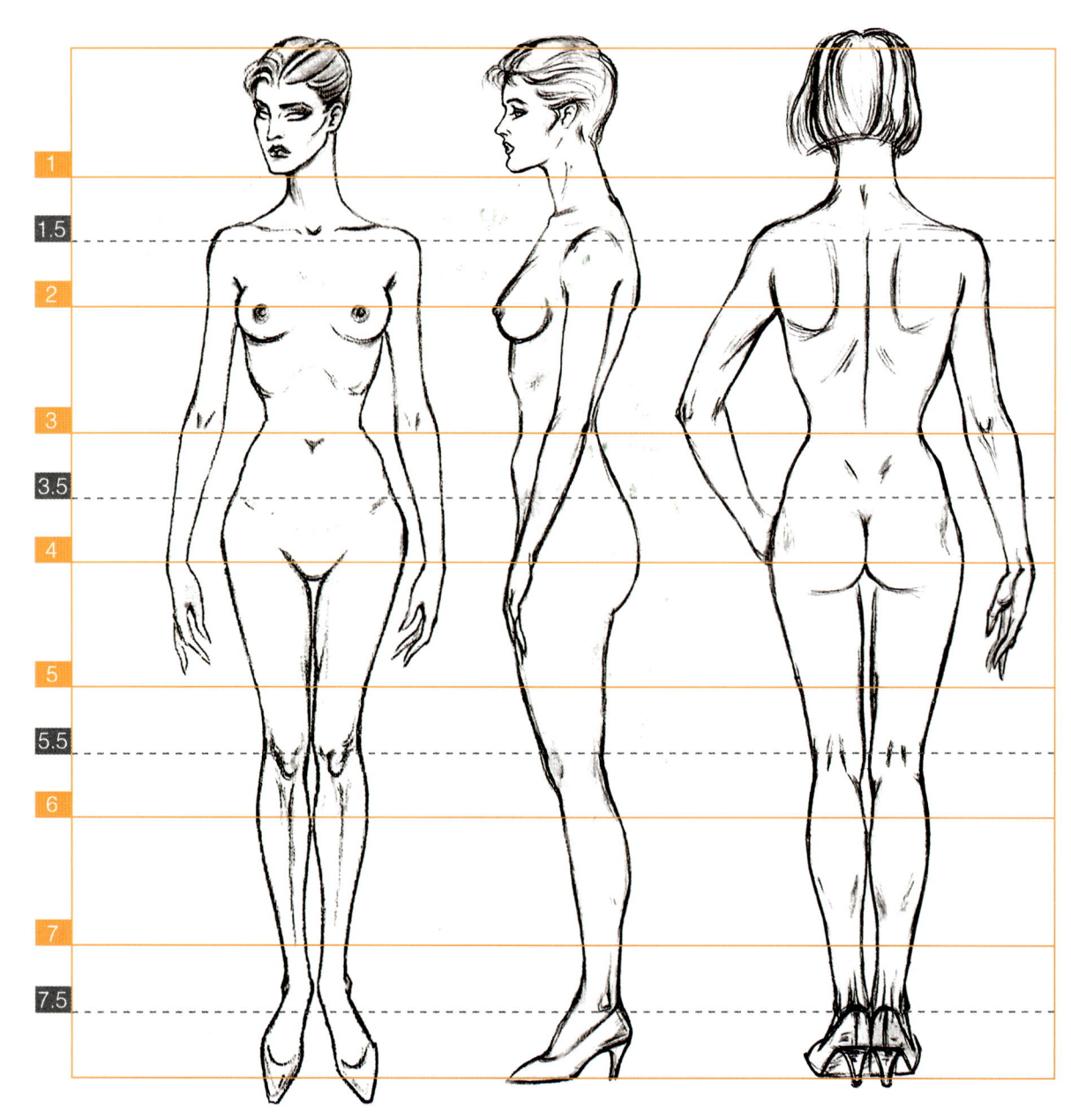

人体直立造型比例图——正面、侧面、背面

在表现人体动态造型之前，首先要注意重心、重心线、支撑面这三者之间的关系。

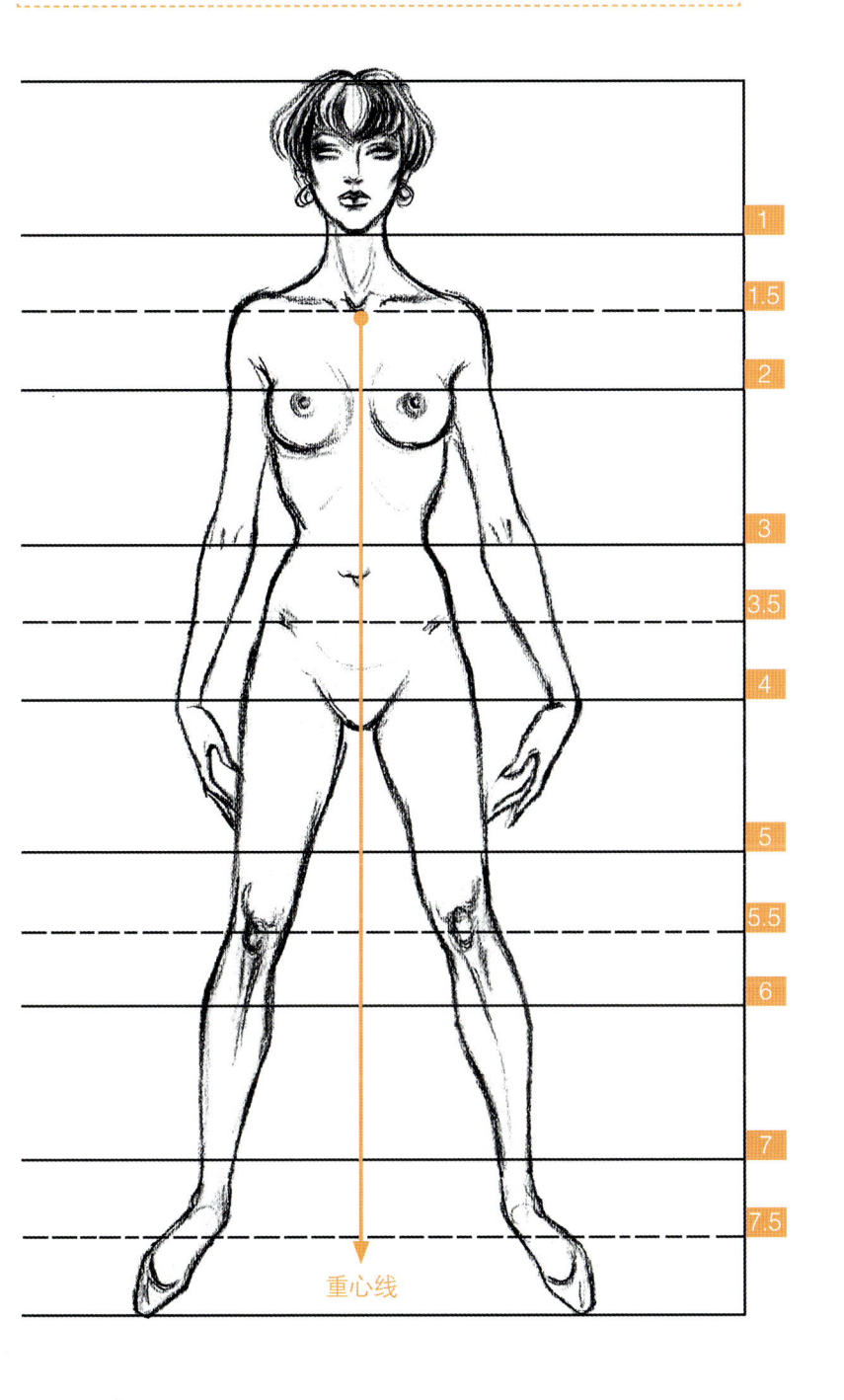

1. 重心： 指人体的重量中心。静止时人体的重心位于脐孔与骶骨十字线之间。

2. 重心线： 指通过人体的重心而向地面所引的一条垂直线。人体因动态的变化，重心线的位置也随之变化，当重心线偏向一侧时，肩线、腰线与臀线也就倾斜，呈现出不平行的状态。

3. 支撑面： 指支撑人体重量的面积。如人体自然站立时，人体的重量由下肢支撑着。两脚的底面以及两腿之间的地面就称为支撑面。

　　人体的脊椎把头部、胸部、骨盆这三个基本形联系在一起，由于颈椎、腰椎的变化，使头部、胸部、骨盆这三个基本形发生倾斜和转向，除人体立正状态下，肩线和臀线是相互平行的。当人体有动态造型的变化时，胸部与骨盆的倾斜方向始终是相反的。人体造型就是这样按照重心平衡的规律，使人体各部位自然地加以协调，并保持平衡。

　　总之，只有了解了重心、重心线、支撑面三者之间的关系，才能把握好人体重心平衡的基本规律。

案例解读

左三图为《COLLEZIONI》——国际流行公报No.100的时尚图片，从中我们不难看出模特儿在展示服装时，(1)胸线、(2)臀线及(3)重心线的关系。

《COLLEZIONI》——国际流行公报No.100

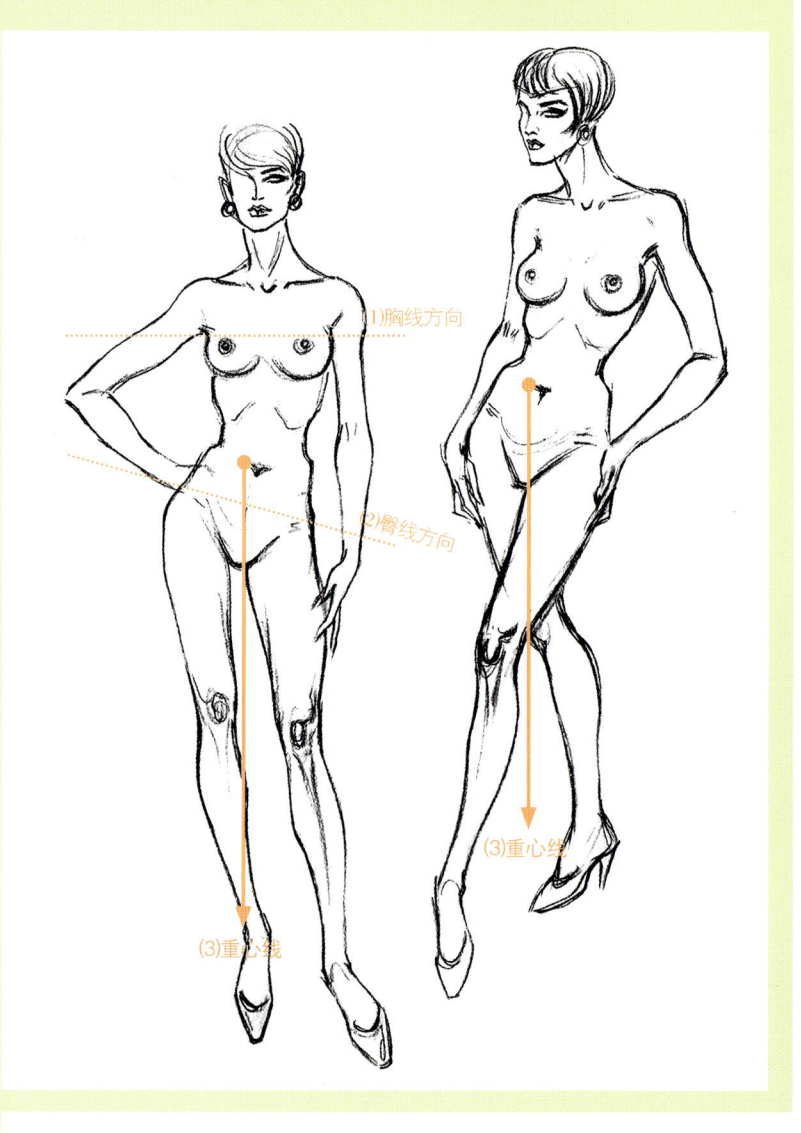

（二）人体动态造型的画法

1. 一竖： 指以人体的脊椎为中心，直立时在人体的中线上。

2. 二横： 指肩线和臀线。直立时两线平行，动态时两线倾斜不平行。

3. 三体积： 指头部、胸部、骨盆这三个躯干简化成为三个长方体或一个椭圆形(头部)、两个梯形(胸部、骨盆)。当人体动态造型时，三个形体相互转向不在一个平面上(注意观察右侧的分析图)。

4. 四肢： 两侧的上肢与下肢。在开始练习时，可以将上肢与下肢概括成八段圆柱体或八条线段。另外，可将连接各部位的关节画成球状，并注意其动态造型的规律与范围。

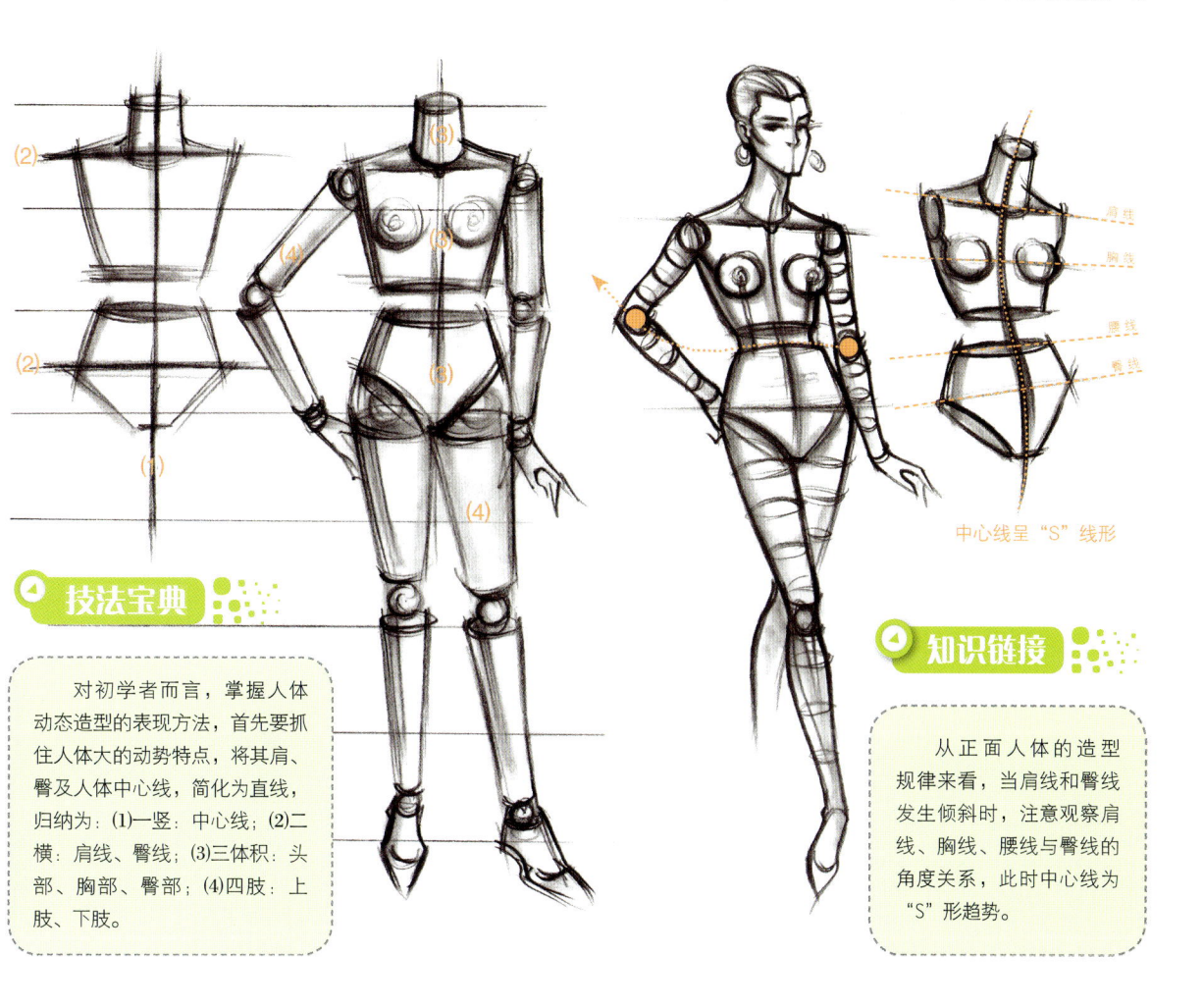

第二章 人体的表现技法　19

中心线呈"S"线形

技法宝典

对初学者而言，掌握人体动态造型的表现方法，首先要抓住人体大的动势特点，将其肩、臀及人体中心线，简化为直线，归纳为：(1)一竖：中心线；(2)二横：肩线、臀线；(3)三体积：头部、胸部、臀部；(4)四肢：上肢、下肢。

知识链接

从正面人体的造型规律来看，当肩线和臀线发生倾斜时，注意观察肩线、胸线、腰线与臀线的角度关系，此时中心线为"S"形趋势。

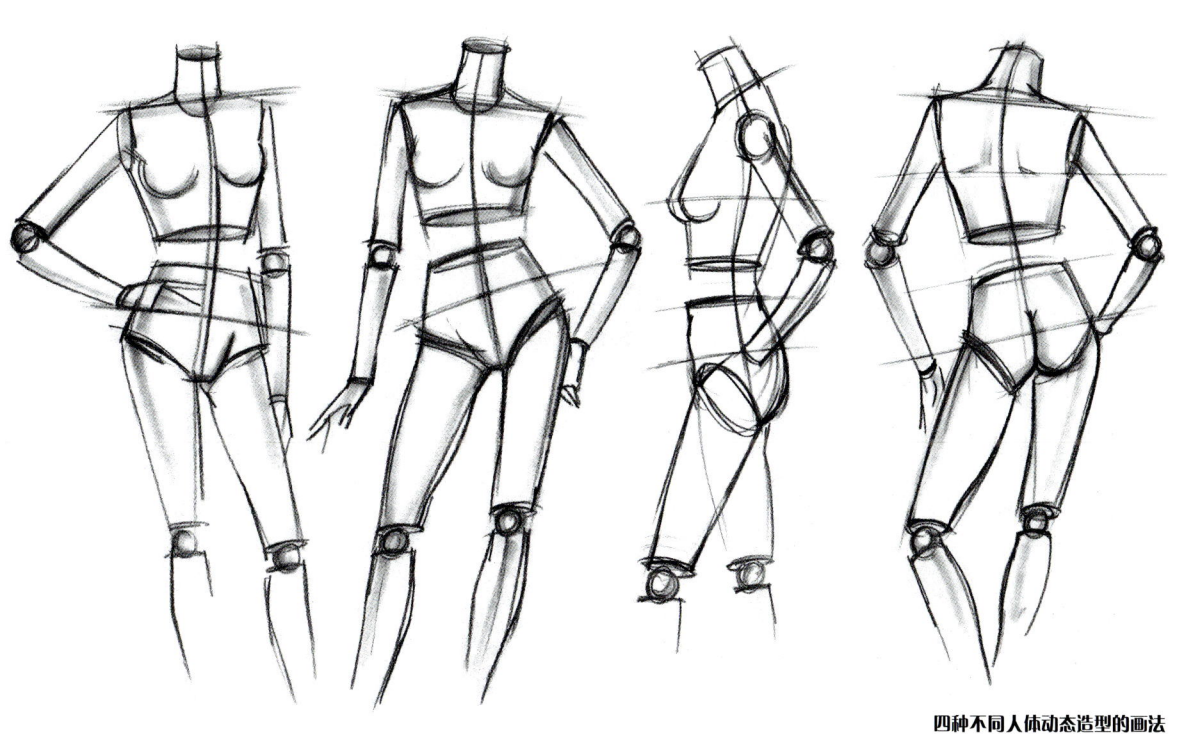

四种不同人体动态造型的画法

第二节　人体局部的画法

一、头部的造型与画法

（一）头部的基本结构与比例

按一般规律来讲，我们利用辅助线来了解头、脸部的结构比例关系，从水平的角度观察，眼线正好是头高的二分之一，上线为头顶，下线为下巴，两眼之间的距离恰好是一只眼睛的长度。然后再将二分之一头高的下半部分成两个四分之一，其分割线正好在鼻子的下方，鼻子部位的四分之一处，正好是耳朵的位置，嘴唇在下半个四分之一处。另外，服装效果图头部造型的表达虽然具有一定程式化的特征，但还应考虑到由于在款式设计中品牌定位的不同，着装者气质年龄的差别。

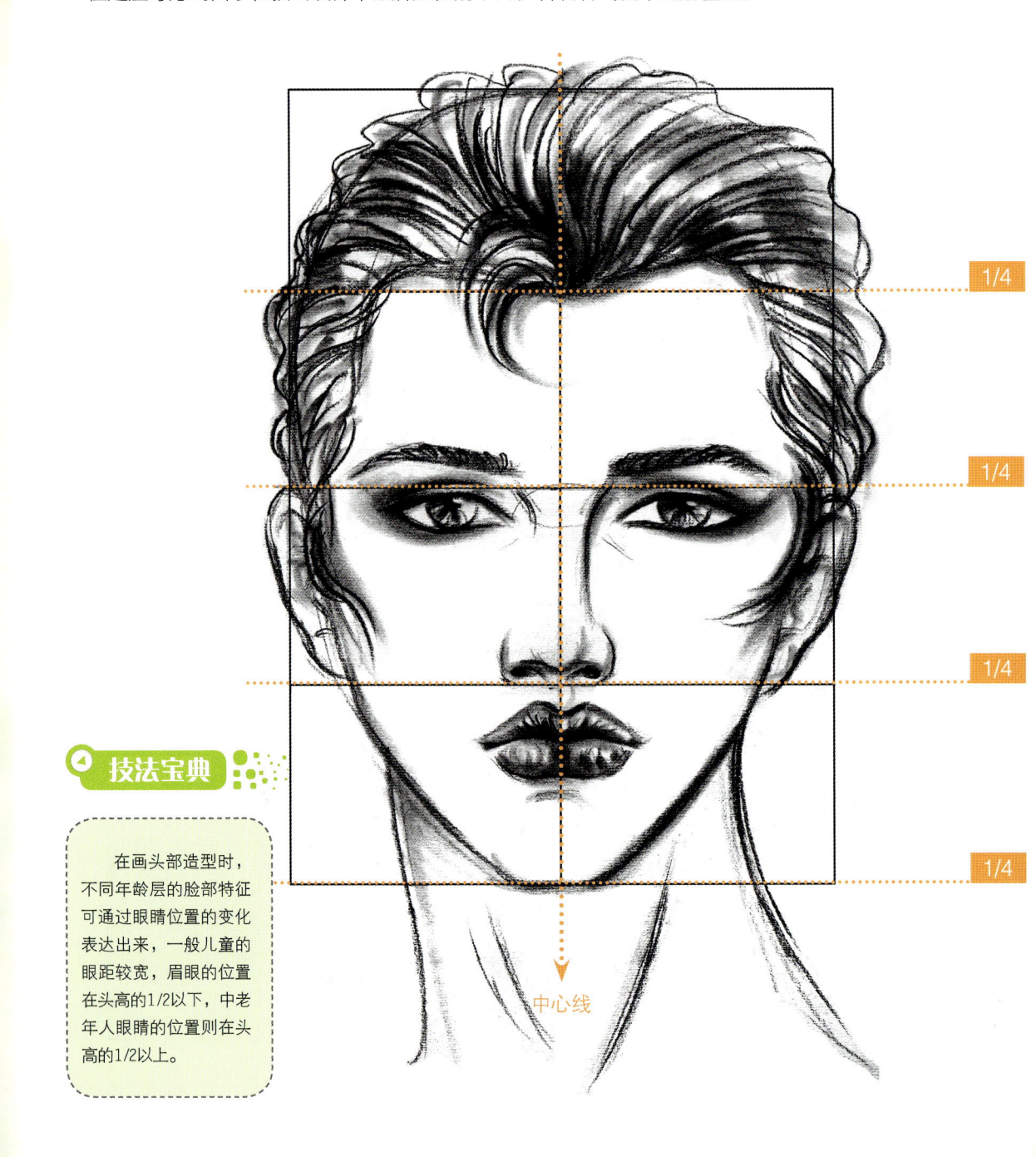

1/4

1/4

1/4

1/4

中心线

◀ 技法宝典

在画头部造型时，不同年龄层的脸部特征可通过眼睛位置的变化表达出来，一般儿童的眼距较宽，眉眼的位置在头高的1/2以下，中老年人眼睛的位置则在头高的1/2以上。

1. 头部造型的画法

　　头部无论是从正面还是从侧面观察，基本上都是一个椭圆形。在画头部的时候，可先画一个椭圆形，再加上十字线，横线表示眼睛的位置，竖线表示头部的中心线，连接头顶、鼻子、嘴唇和下巴，可以表现出脸的朝向，这就是描绘面部时最简单、最基础的基准线。为了正确地表达眼睛、鼻子、嘴唇的位置，"目测"是很重要的一步，脸部五官（眉、眼、鼻、口、耳）高度的比例位置，无论是在正面、侧面、半侧面都不会改变。另外，从正面看，脖子是在头部正中的位置，但从侧面看时，脖子的位置应在正中偏后并且是倾斜的。对于初学者在画不习惯的时候，可以用尺子比着画，一般正面头部的宽高比例为3.5∶5；半侧面头部的宽高比例为4∶5；侧面头部的宽高比例为4.5∶5。我们可先将头部均分为四等份，再按范图的步骤画出五官及头部的造型。

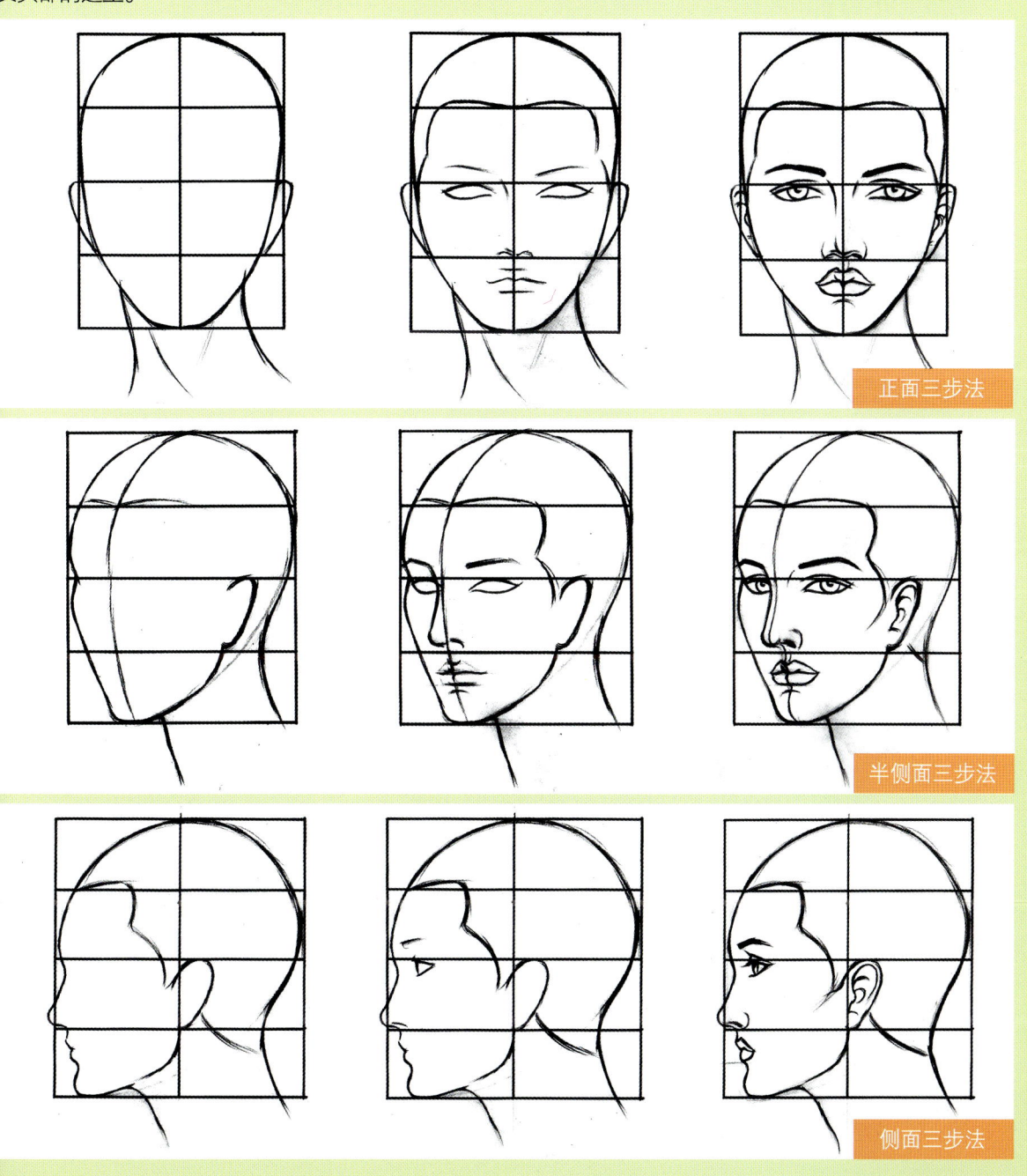

正面三步法

半侧面三步法

侧面三步法

技法宝典

一般男性头部的廓线可表现为正梯形或长方形，要把眉眼的距离表现得略近，勾画的重点在于表现面部的结构特征，以突出男性的阳刚之气。另外，女性的头部廓线可表现为倒梯形，眉眼的距离表现得略远，勾画的重点往往突出化妆的效果。

2. 眼睛造型的画法

眼睛是表达人物性格与气质的第一要素，也是服装效果图人物五官的表现中最重要也是最难画好的。眼睛的形状基本是杏仁型，一般在平视时，眼球的上部被眼睑遮盖1/3，黑眼珠要略微画大一些，但不要比例失衡，像卡通画似的缺乏真实感。

技法宝典

初学者可按左图的七个步骤来学习掌握眼睛的造型画法。

眼中心线　　眉毛的最高点

眼睛的正面　　眼睛的侧面　　眼睛的半侧面

3. 鼻子、耳朵造型的画法

一般鼻子、耳朵的造型在女装效果图的表现中可以简单一些，甚至省略。但在表现男装时，鼻子的造型就十分重要了，它能体现男性刚毅的气质，所以应准确地勾画鼻梁的轮廓及骨感的特征。

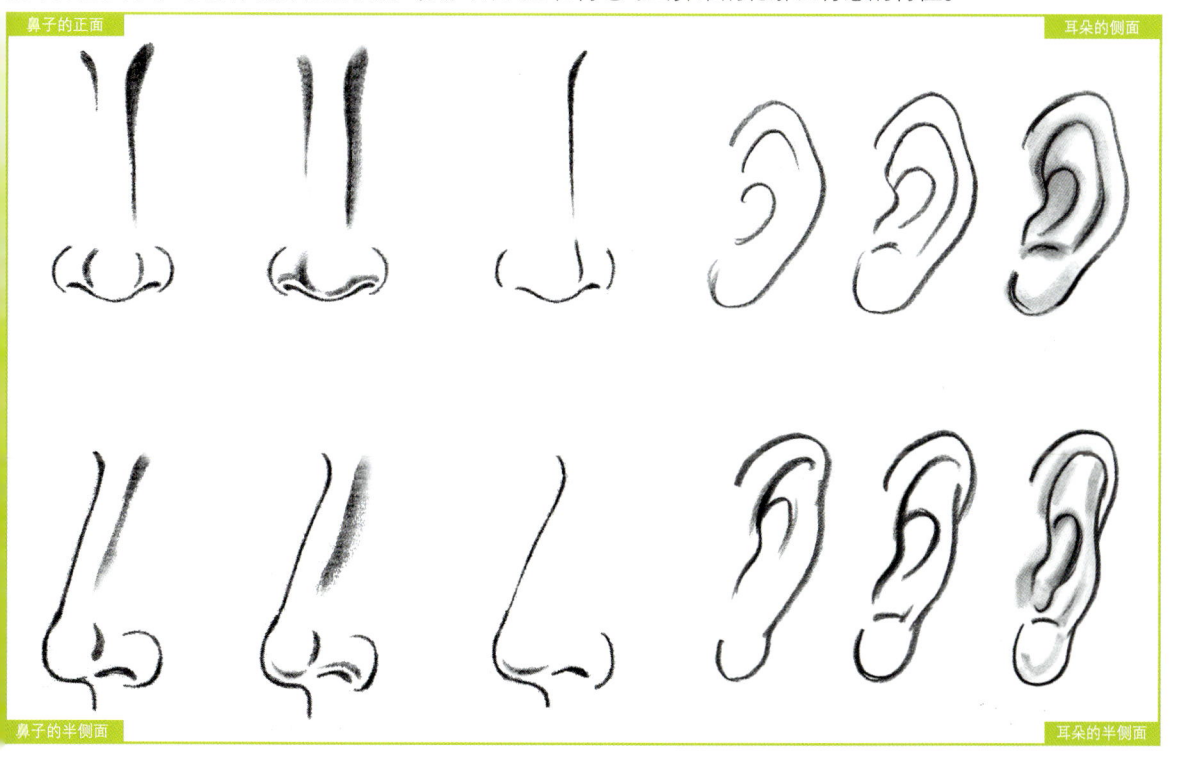

鼻子的正面　　耳朵的侧面

鼻子的半侧面　　耳朵的半侧面

4. 嘴唇造型的画法

　　嘴部的造型，一般女性要表现得丰满、性感，唇形明确，在勾画时往往下唇要厚于上唇，可在下唇上留出一小块空白以表现嘴唇的光泽。另外，对于初学者来说，由于头部造型角度的不同，嘴唇的透视变化是较难把握的，所以要反复观察，认真练习。

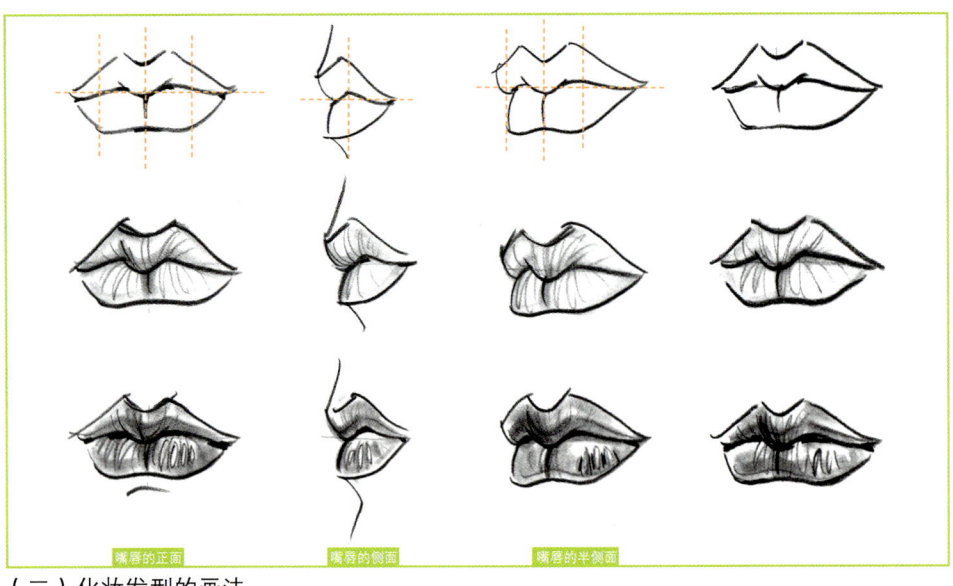

嘴唇的正面　　嘴唇的侧面　　嘴唇的半侧面

（二）化妆发型的画法

案例解读

　　在掌握人物五官化妆的方法中，可参照时装照片进行练习。在训练中首先要表达人物五官化妆的特点，并注重人物气质及眼神的表达。

1. 脸部化妆的画法

女性脸部的化妆表现在服装效果图中是十分重要的。妆容的色彩及风格往往要与服装的设计搭配相一致，这样才能更好地体现设计师的构思理念及着装后的整体效果。脸部化妆的特点主要表现在眉形、眼线、眼影、腮红、唇形等部位。另外，不同时代在化妆形式上，跟时尚的流行一样也有所不同，一般可按当下流行趋势的特点来描绘妆容的效果。

不同时尚效果的五官化妆照片

(1) (2) (3) (4) (5) (6)

案例解读

图(1)为正面五官化妆的表现方法，首先要注意眉、眼、唇的外形廓线要符合时尚妆容的要求，可用笔先勾画外形线条，再用擦笔在眼影、腮红处轻轻涂抹，使之产生柔和的过渡效果。图(2)为头发反光效果的画法，图(3)为眉眼化妆表现效果，图(4)为正面化妆表现效果，图(5)为半侧面化妆表现效果，图(6)为侧面化妆表现效果。

经典赏析

矢岛功作品欣赏

脸部化妆主要表现在眉、眼、嘴、腮等部位，化妆的表现及色彩要与穿着的服装造型及风格相互呼应，并形成整体的统一，使之更好地表现出人物的气质与风度。

作品使用画具：铅笔、水彩、色粉笔。

2. 人物发型的画法

人物发型的画法是较难把握的，但人物头发的造型是着装后整体效果中一个较为突出的环节，也能反映出一个时代的风格与时尚的特征。头发是依贴在脑颅部生长的，其基本轮廓应在脑颅部位。在表现时，首先应根据不同的发型特点，在其造型的部位加以适当的厚度，然后再根据其造型的趋势及形态，分成几个块面，施加明暗，使之产生立体的效果。最后按照实际需要，将重点部位作细致的刻画。

（三）帽子的画法

在画帽子的造型时，必须注意帽子与头部的接触部位与透视状态，可以先画出头的造型，并注意帽子围住头部的部位，结合脸型和发型，仔细考虑帽子的戴法。帽子戴在头上的状态有浅有深，在表现时，要注意到脸型与发型的特点，使其与帽子造型合为一体。认真观察帽子和脸部结合的状态是画好帽子造型的关键，要使帽子、发型、脸部融为一体，需根据设计的要求，使帽子本身与服装造型的整体风格达到统一，相互衬托，起到配合服装款式、烘托整体效果的作用。

技法宝典

在表现帽子的造型时，首先要注意头围与帽子贴合部分的位置(1)，使帽子戴在头上，并根据帽檐的大小表现帽檐下的透视效果(2)。另外，根据帽子的造型处理好头顶与帽子的空间关系(3)。

技法宝典

画好帽子的要点，首先要表现出帽子戴在头部深浅位置的状态。其次在画不同款式的帽子时，还要抓住其造型特点和戴在头上的透视规律以及与发型、服装的搭配呼应关系。

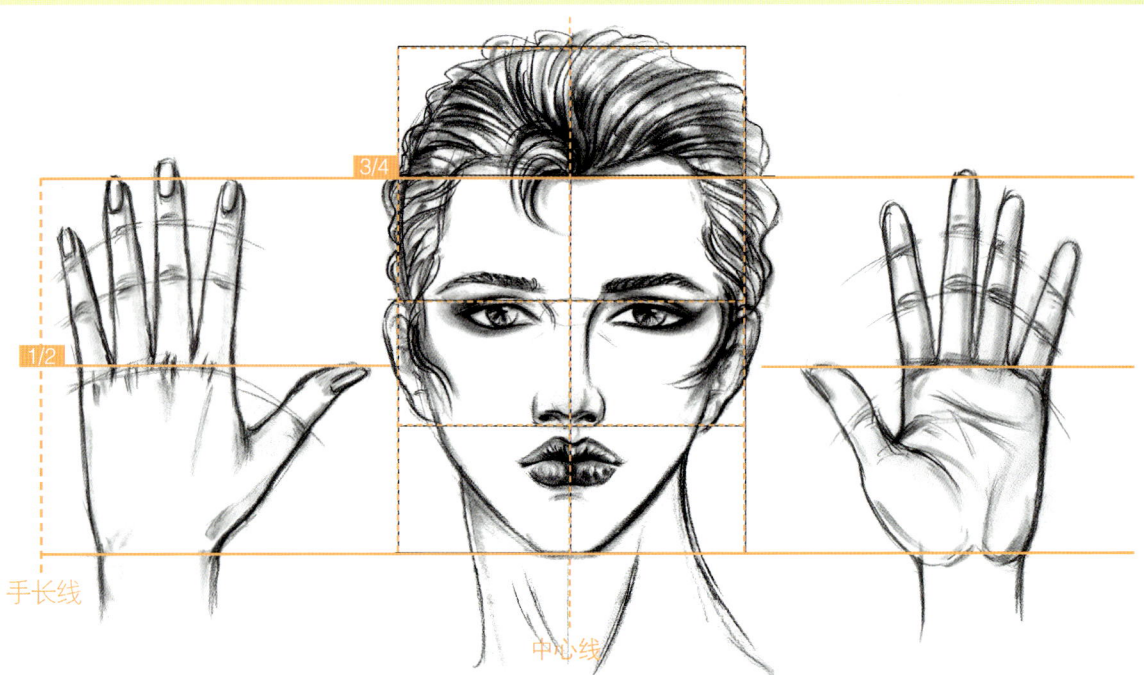

手长线　　　　　　　　　　　　　　　中心线

知识链接

手是人的第二表情，在服装效果图中手的姿态与造型起着衬托服装美的作用。手长等于头部的四分之三，即下巴到发迹线的长度，中指的长度为手长的二分之一。

二、手与手臂的造型与画法

（一）手的比例与造型画法

在服装效果图中，手的表现至关重要。要画好手的造型，先要了解手的基本结构、比例与动态特征。表现手的造型时，首先要勾画出手的大致轮廓，再画出每个手指的基本结构，并注意表现食指与小指的造型姿态，这样会使其更加生动并富有表情。

不同手部的动态造型表现

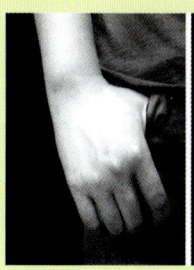

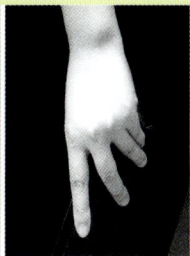

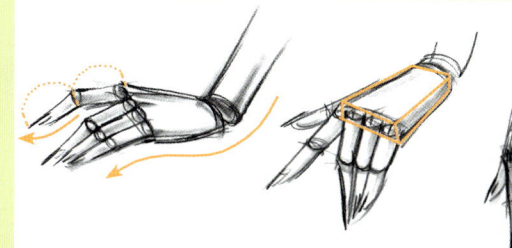

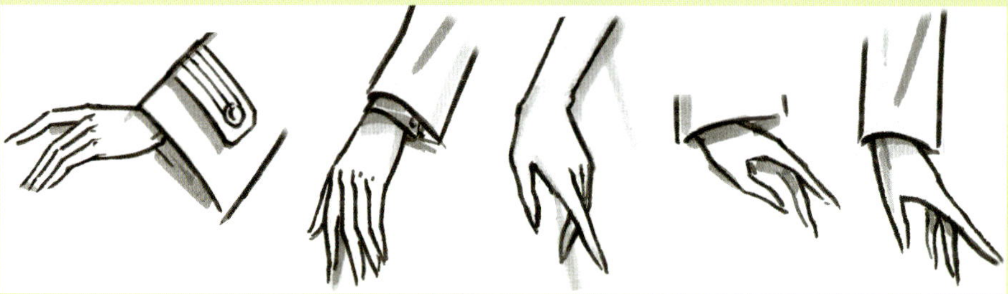

（二）手臂的造型画法

手臂的结构自肩而下，呈现出一定的曲线变化与节奏变化。在画手臂时，应以肩关节点(1)为圆心，至肘关节点(2)、腰线(3)为半径，按手臂的自然规律上下运动。

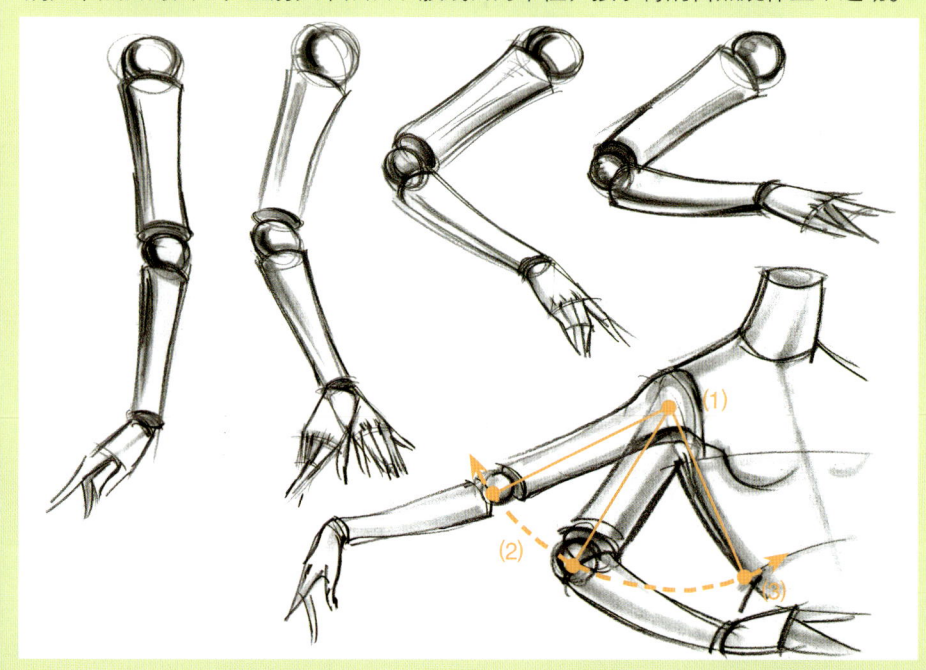

技法宝典

手的造型从腕、掌到指呈阶梯状逐级下降。在表现手的时候，可以先把掌部画成梯形，再画出食指、小指与拇指的造型。另外，女性的手是纤细而优雅的，所以，女性的手指多用"S"形曲线来表现。

知识链接

在表现手臂的结构造型姿态时，首先要注意肘关节、腕关节与人体肩、腰、臀部的位置关系，并要画好手臂结构曲线变化的特点及肘部的骨点，同时注意在自然状态下，手臂无论处在什么位置时，袖口的造型始终垂直于手臂。

不同手臂的动态造型表现

三、脚与腿的造型与画法

（一）脚与鞋的造型画法

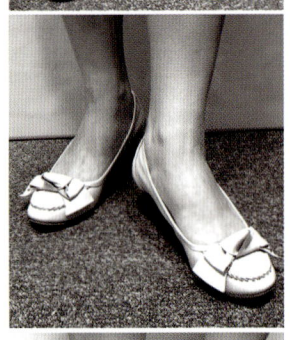

脚是全身重量的支点，脚的位置与透视造型关系到人的姿态美感，脚的造型有限，不像手的造型有那么多变化。服装画的脚部基本上是按照鞋的造型来表现的，其造型与透视关系的表达是画好脚的关键。脚的运动规律以脚踝处(1)为圆心，至脚掌前端(2)为半径(3)，可上下左右自由运动。脚的长度是小腿长度的二分之一。

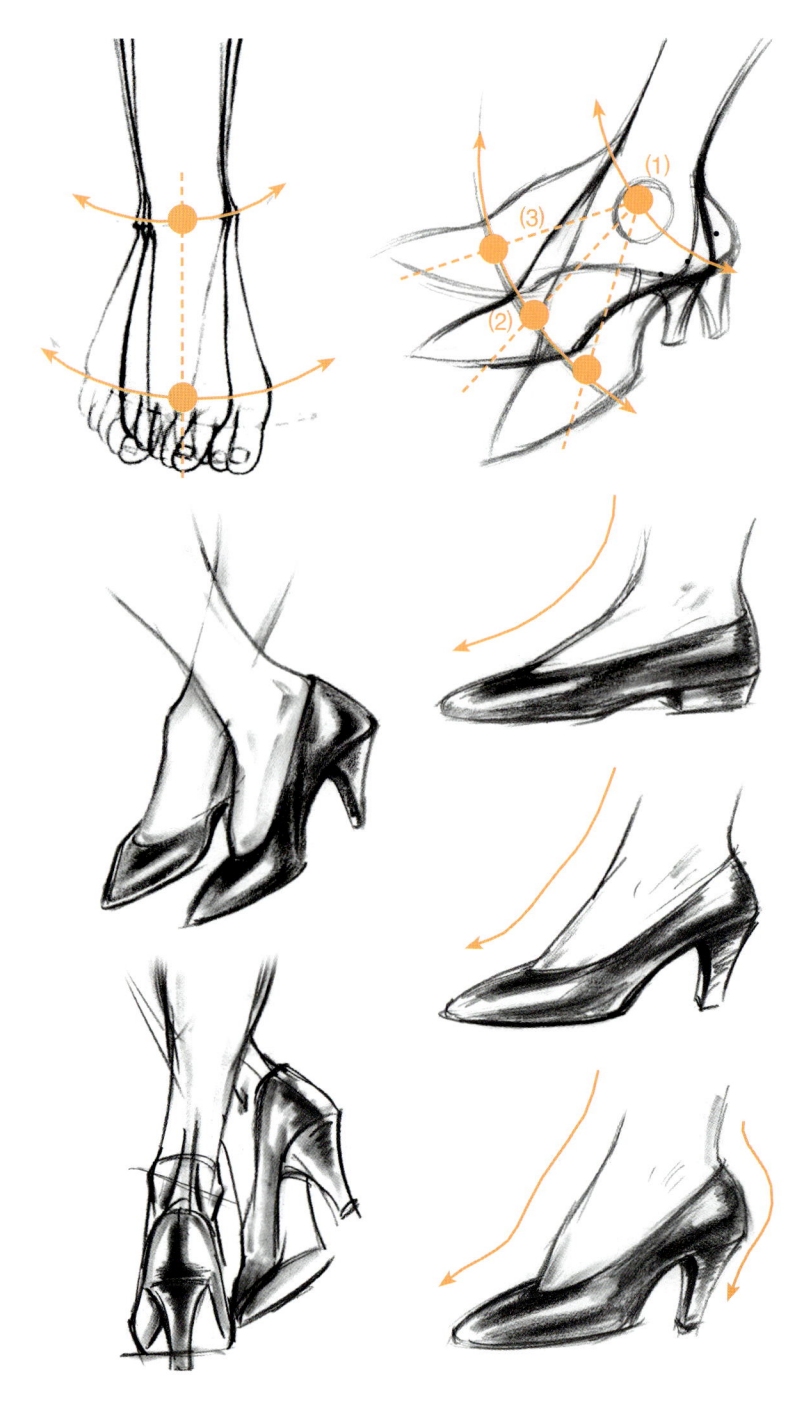

技法宝典

画脚时，首先要画出脚的透视形状，再将鞋的造型准确地表现出来。在完成鞋的造型时，要仔细观察鞋跟的高度，因为不同鞋跟的高度会影响脚面与地面的角度。另外，鞋的造型与时尚特征也应与服装的设计风格形成协调与统一的效果。

（二）腿脚的造型画法

在服装效果图中，女性的腿部是健美、修长的，曲线变化较为明显。在表现方法上，与画手臂一样，也要注重结构和立体感的表现，用线要流畅、连贯、肯定，富有弹性。

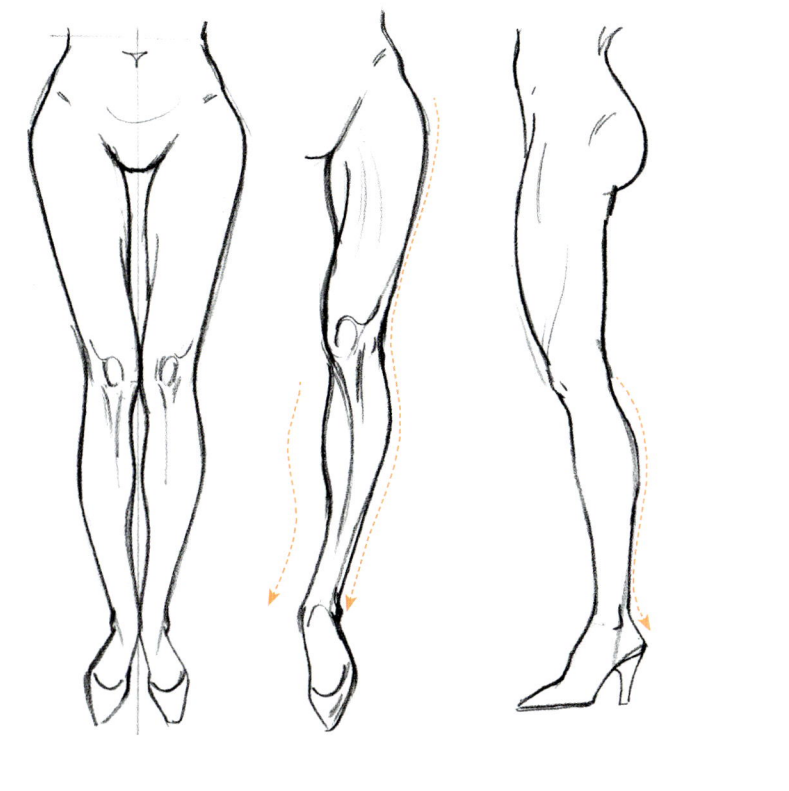

知识链接

当我们看腿的轮廓线时，无论看哪一部分都没有直线。仔细观察，外侧的线从大腿根部到脚后跟呈"S"形，内侧从膝盖一直到脚踝也呈"S"形。

技法宝典

在表现腿部造型时，首先可将大腿及小腿部分画成圆柱体，膝关节用球体表现链接整个腿部。另外，一定要注意哪条腿是重心腿，它与臀部造型相互联系，当臀部偏向重心腿的一侧，腿部的曲线及膝、踝关节的位置也随之变化。

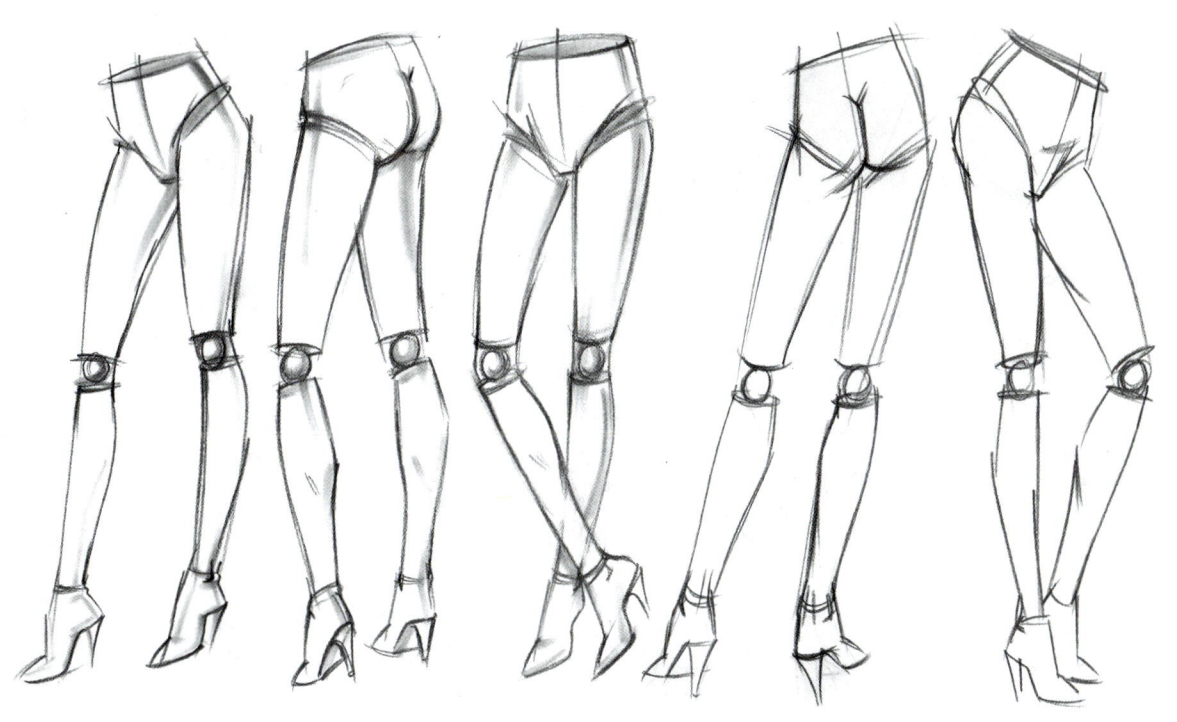

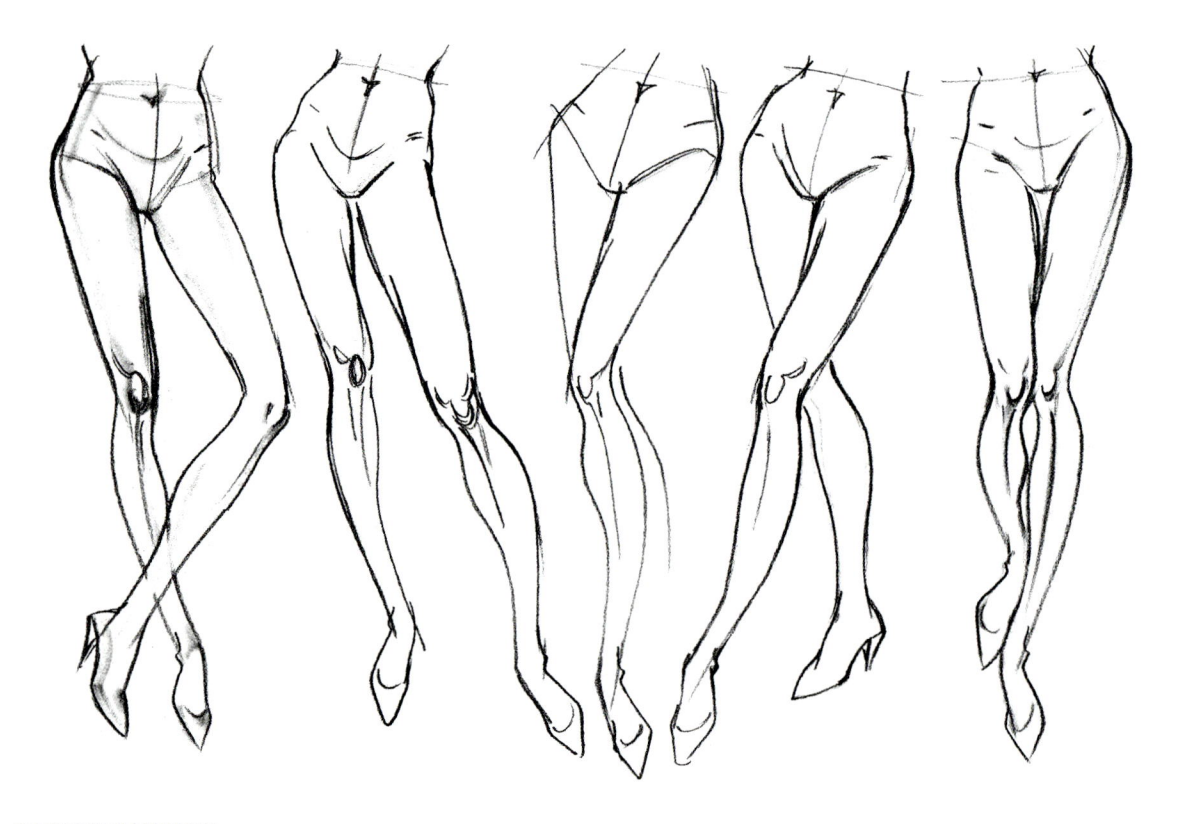

不同腿脚的动态造型表现

要想画出比例美观的腿部造型，首先要将小腿肚的位置画到小腿高度的1/2以上，只有这样与大腿连接后才能形成"S"形的弧线变化，对于初学者来说，首先要按照人体的动态造型，选择一两个常用腿的姿态，将其外形勾画在硬纸上剪下，在使用时拓画下来。另外，还要针对腿部造型进行实际观察，并对照艺用人体解剖书的腿部结构进行反复训练。

即时训练

1. 根据男、女人体站立的正面、侧面、背面的范图进行临摹训练。
2. 参考人体摄影图片，用线描的形式完成五种符合服装设计图要求的人体姿态，并标出人体重心线的位置。
3. 根据女性不同的化妆效果，表现出晚妆、日常妆和舞台妆的面部化妆效果并配以相应的发型。
4. 根据服装设计图的要求，画出五组女性手与手臂的姿态造型。
5. 根据当下鞋的流行趋势，画出五组女性穿鞋的腿部姿态造型。

第三章　服装的表现技法

34	第一节	服装的结构造型与画法
35		一、人体与服装的空间关系与透视比例
36		二、上装结构造型的画法
36		（一）领子的画法
38		（二）袖子的画法
40		（三）衣身的画法
42		三、下装结构造型的画法
42		（一）裙子的画法
43		（二）裤子的画法
44	第二节	服装衣纹与光影的画法
44		一、人体结构造型与光影的画法
44		二、人体动态造型与衣纹的画法
46		三、服装造型与褶裥的画法
49	第三节	服装面料质感的画法
49		一、轻薄面料的画法
52		二、厚重面料的画法
54		三、反光面料的画法
56		四、特殊面料的画法
58		五、综合面料的画法

第三章　服装的表现技法

第一节　服装的结构造型与画法

在服装设计图中人体造型是画好设计图的基础，而服装款式设计的表达则是主要的目的，因此，要想将服装造型准确地表现在人体上，并充分地反映设计意图，必遵循以下步骤：

首先，要画出服装的款式造型图，则要注意款式的结构、细节及外形廓线的特点。

其次，根据服装的造型选择合适的人体动态，这样才能更好地表现出服装款式的造型特点。

本章引言
服装造型的表现是学习服装设计图的关键。它不单要表现出款式的结构、比例、造型，更重要的是理解服装的三维状态。画好服装款式图还要准确地把握服装与人体的造型关系。只有这样，再通过衣纹、光影、面料肌理的表现技法，才能更好地体现出设计师的意图。

本章重点
人体与服装的空间关系
人体动态造型与衣纹的画法
服装面料质感的画法

本章难点
服装造型的透视与比例
服装衣纹与光影的画法
服装面料质感的画法

建议课时
32课时

经典赏析

我们通过国际大师D&G的经典设计作品，来感受人体与服装的造型关系、服装造型透视与比例的关系、服装衣纹与光影的关系、服装面料质感与款式造型的关系。通过三种不同类型的服装来观察其结构、造型、面料的特征，其中我们不难看出图一宽大的编织斗篷散发着浓郁的原始风格，外形简洁，形式粗狂，让我们感觉更加张扬个性，回归自然。

图二浅色超短皮质外套在硬朗、挺括的外形映衬下，更显网状内衣和打钉超反光腰带的后现代朋克风格；图三连身衣裤的结构造型中，银色较薄的面料所产生的极碎衣褶和极强的反光效果。

最后，再将画好的服装造型穿在人体上。服装的表现应具有立体效果，并要准确地反映人体与服装之间贴合及空隙的位置，在贴合的部位应体现出人体外形的起伏特点，同时还要将由于人体动态造型而使服装产生的结构变化及衣纹特征表现出来。

一、人体与服装的空间关系与透视比例

不同的人体动态造型会使服装与人体贴合的部分及空隙的部分发生变化，并由于设计者在服装款式造型上所表现的紧身与宽松的程度不同，使这种变化的差异更大。初学者在练习过程中，要大量观察着装者的服装状态，并注意由于观察者的视点位置不同，使服装所产生的透视也发生了变化，其突出地表现在领口线、袖笼线、衣摆线、裙摆线等部位。另外，还应注意服装外形廓线与人体结合的各部位比例关系。总之，画好人体着装的效果与状态，不仅要进行大量练习，还应认真地反复观察。

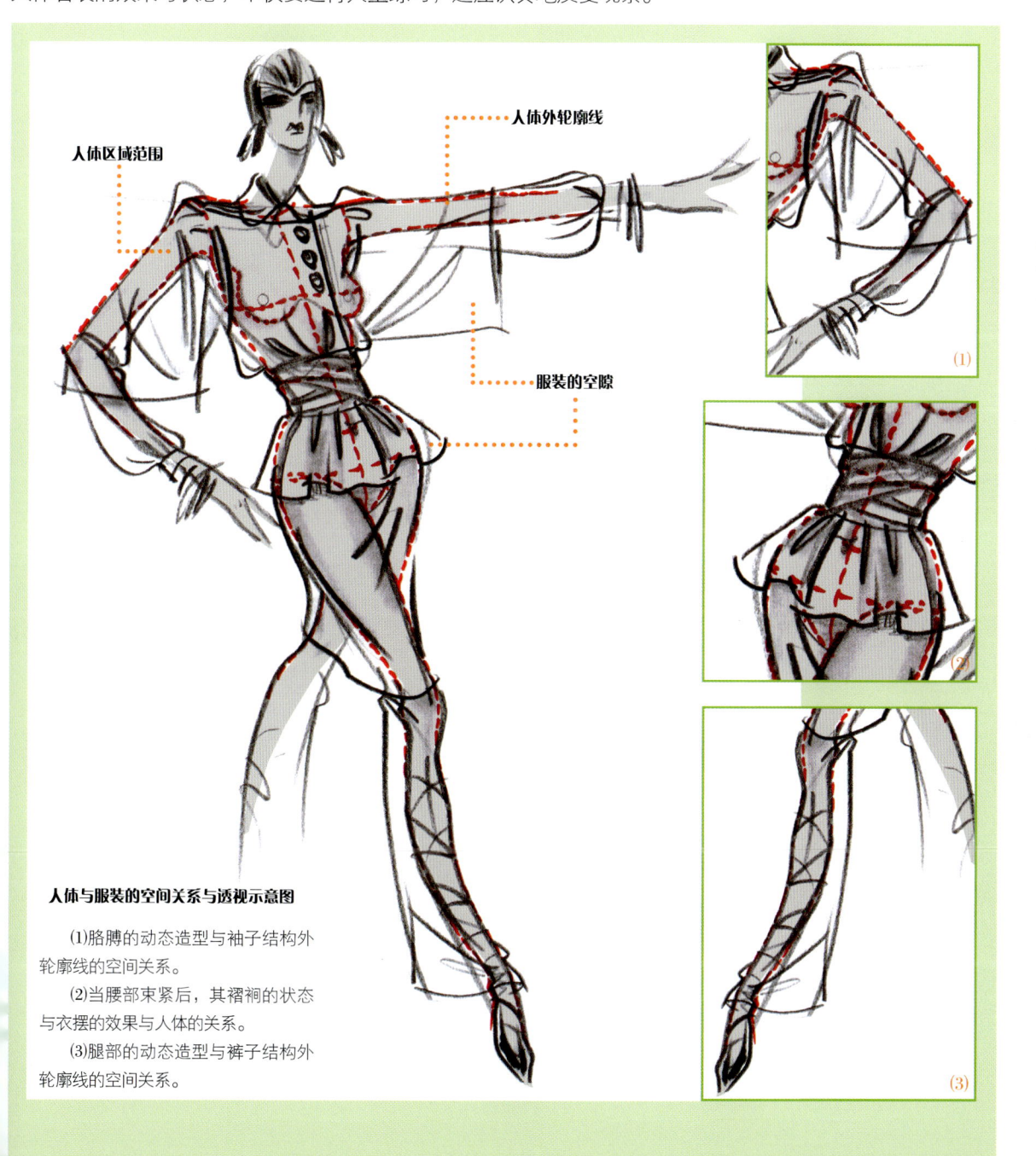

人体与服装的空间关系与透视示意图

(1) 胳膊的动态造型与袖子结构外轮廓线的空间关系。
(2) 当腰部束紧后，其褶裥的状态与衣摆的效果与人体的关系。
(3) 腿部的动态造型与裤子结构外轮廓线的空间关系。

二、上装结构造型的画法

（一）领子的画法

服装的领子在整个服装造型中起着重要的作用，被称为服装造型的脸。首先要注意领围线的基本造型与透视特征，除了正面的领子两边的领线是对称的，只要脖子的位置稍偏一点，领线就有了透视变化。透视线的造型不正确，整个服装造型都会显得很不舒服，领子起着画龙点睛的作用。在此同时，还应注意表现领型及面料厚度等特点。另外，特别强调的是基本款式的扣子位置一定要画在领子的中心部位。

知识链接

服装的领子与领口的结构特征：一般情况下，女装的搭门左压右，男装的搭门右压左，从扣位到门襟止口间的距离一般由款式、季节来定。因此，门襟的驳口线在通过中心线时还要根据搭门的宽窄有一些延伸。

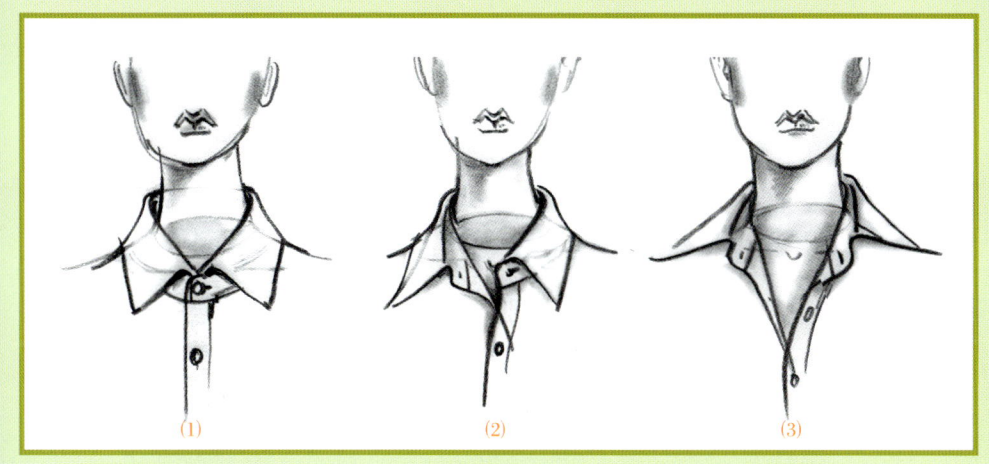

领子的造型与透视

图(1)为衬衫领全扣好时的领子状态，图(2)为解开第一粒纽扣时的领子状态，图(3)为解开第二粒纽扣时的领子状态。

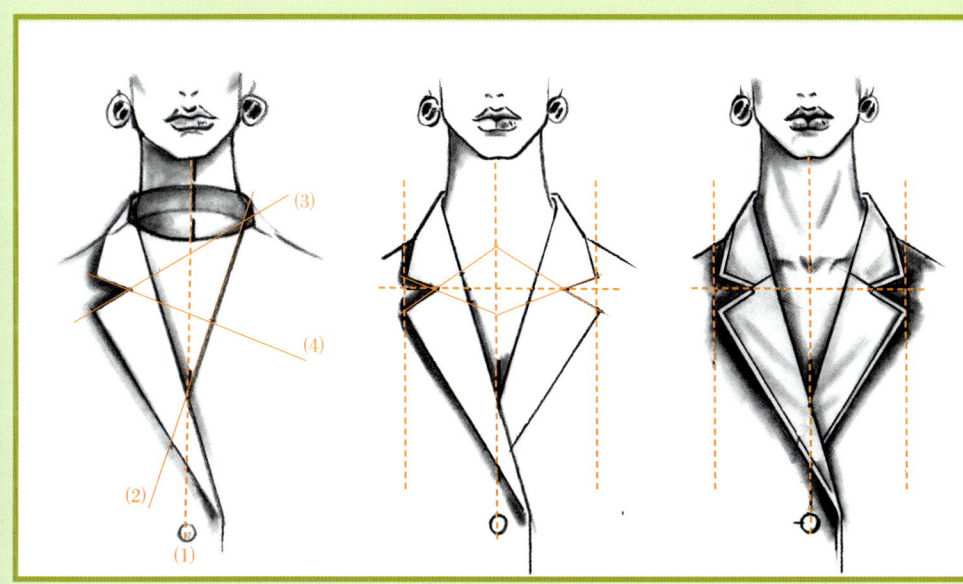

(1)　(2)　(3)

西服领的起形步骤

在画正面西服领的领型时，首先要根据领口的造型，把"V"字形的驳口线画出。其次要把穿口线和小领斜线的角度画准确。第三，通过中心线将领子与驳头左右对称的效果表现出来。(1)为中心线，(2)为驳口线，(3)为串口线，(4)为小领斜线。

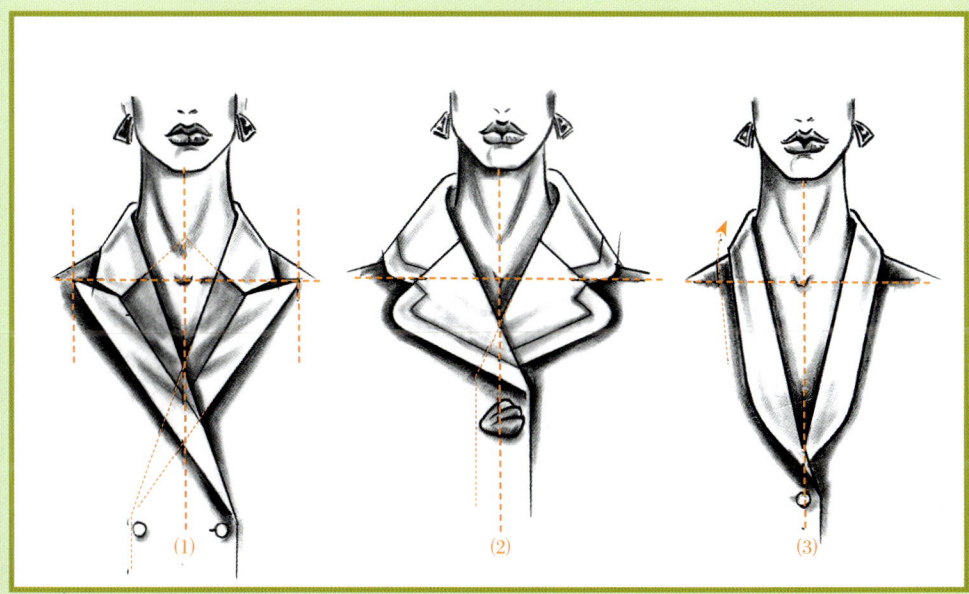

驳领的造型

图(1)为双排扣戗驳领造型画法，图(2)为大翻领造型画法，图(3)为青果领造型画法。

（二）袖子的画法

在画袖子造型时，首先要注意手臂与袖子之间的贴合关系，贴身的部位要表现出人体手臂外形的起伏特点。另外，由于肘部的弯曲所形成的褶皱线条，要在表现上尽可能地概括、减弱，并反映出袖子结构造型的特征。通过不同的线条形式。来表现各种面料质感及肌理的风格。

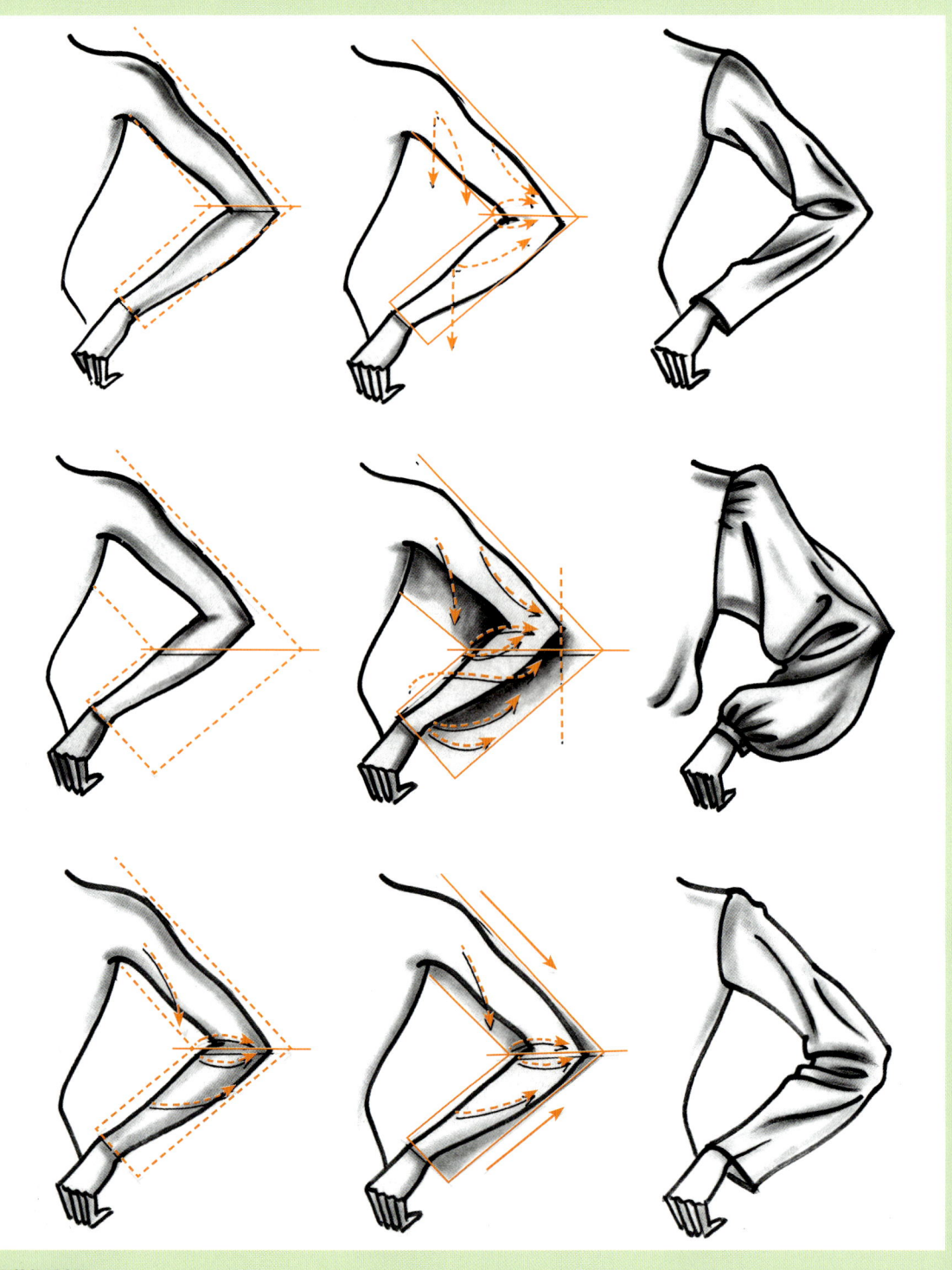

袖子的起形步骤

第三章 服装的表现技法 39

2008 S/S Elie Tahari+Jen Kao+Trovata不同面料质地不同袖型的袖子照片

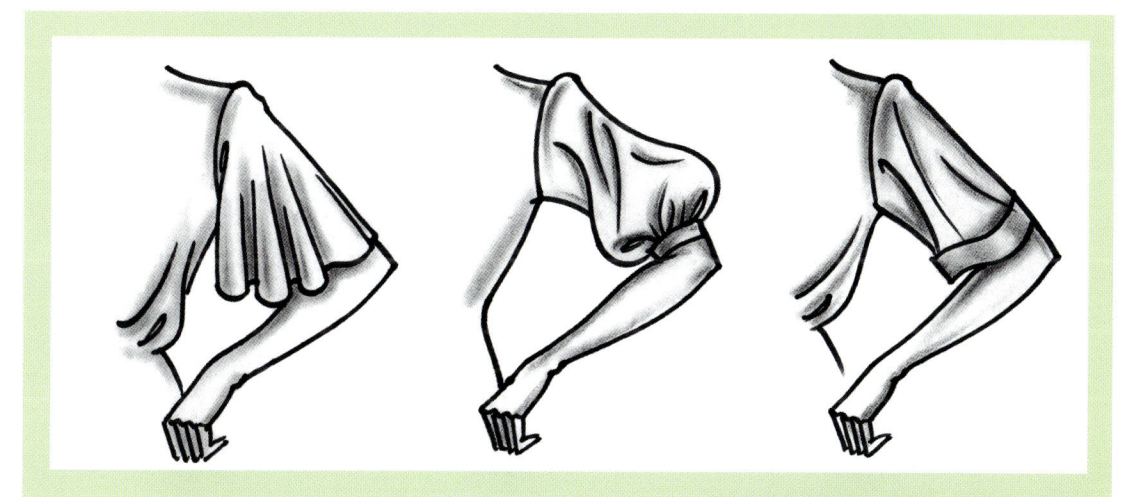

半袖不同造型的画法：荷叶袖、泡泡袖、直筒袖。

长袖不同造型的画法：泡泡袖、羊腿袖、喇叭袖。

（三）衣身的画法

衣身的结构造型体现了服装的外形廓线及与人体的贴合程度。要想画好衣身的结构造型，首先要注意人体结构与衣身造型相对应的位置关系。另外，服装门襟系搭方式的准确表达也是至关重要的。服装衣身造型上的褶皱是较少的，只有在搭配腰带的时候，才可能在相应的位置出现褶皱线条。在这种情况下，线条的疏密大小可以反映出面料的质感与服装造型的特征。

人物着装的造型与透视

案例解读

(1)在画帽子造型时，因帽型较小，所以一定要画出前低后高的效果；以装饰物的中心按放射状画出褶裥的结构线。(2)先用铅笔准确勾画出帽子的外形廓线及装饰物边缘波浪式的起伏线条，再用擦笔渲染褶裥由浅入深，使之达到起伏效果。(3)这是一款荷叶袖的女装造型，因袖摆展宽较大，故袖身下垂感极强，犹如太阳裙的裙身，所以在起形时，首先要从肩点顺胳膊向下画出放射状的线条，并均匀地分割以表现垂褶的效果。(4)用铅笔勾画出袖子的外形廓线，注意褶裥的起伏与多少，一定要表达出设计构思，再用擦笔表现出渲染的效果。(5)在画衣身时，一定要注意人体的动态，有一些微微地倾斜，所以要表现出肩线、胸线、腰线和衣摆线的透视效果，必须将袖窿的弧线表达准确。

第三章　服装的表现技法　41

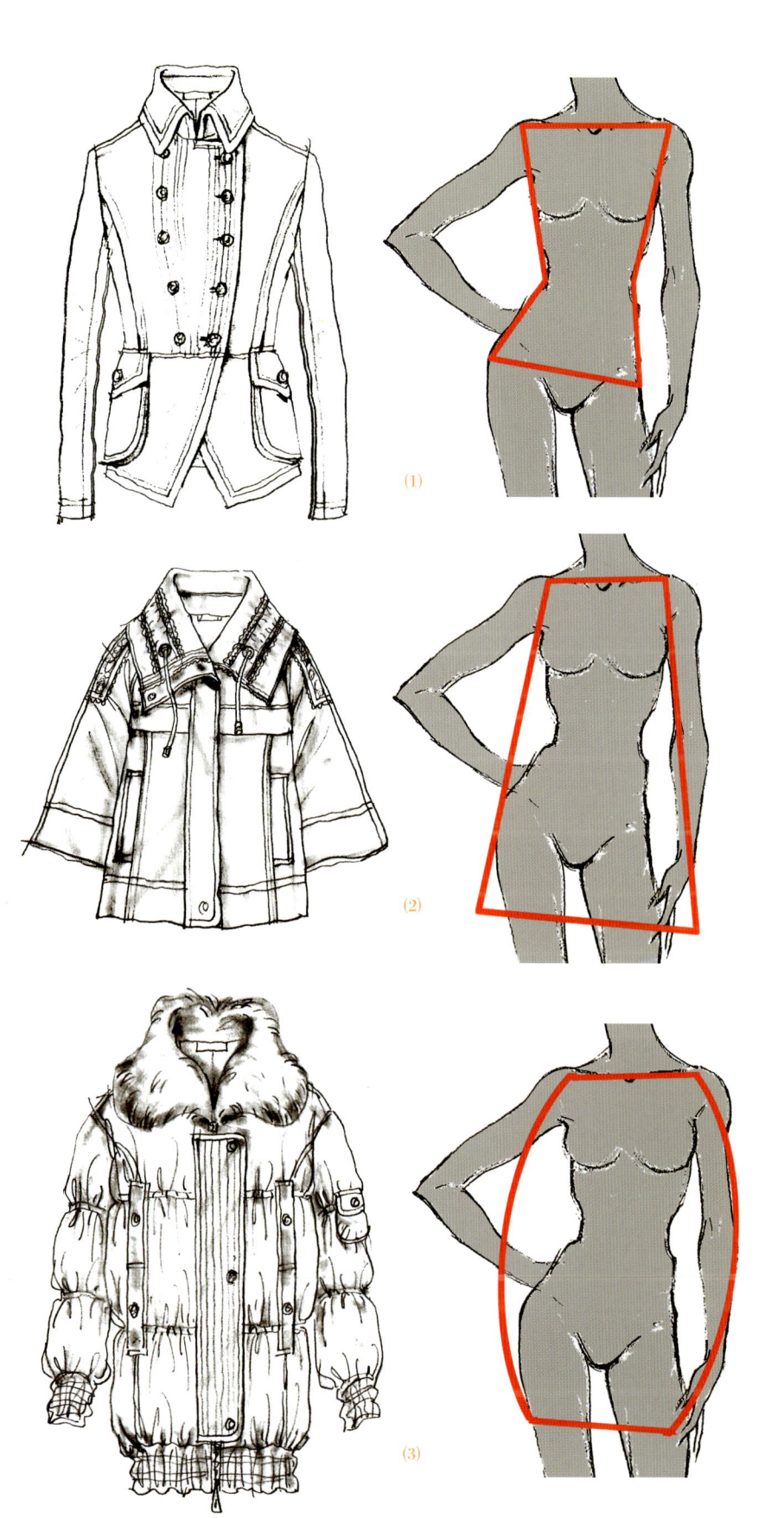

知识链接

(1) X型廓线衣身特点：
　　一般X型廓线的衣身腰部束紧，肩、摆处略有夸张，因而使X廓线明显。左款服装造型肩、腰、臀部均较为合体，所以在表现衣身造型时，要将胸、腰、臀的部位表现得合体，即可达到束身的X型廓线的效果。

(2) A型廓线衣身特点：
　　一般A型廓线的衣身肩部较为合体，下摆宽大，使衣身外型廓线呈A形造型。在表现衣身造型时，衣身的肩部要表现得较为合体，宽大的下摆要根据人体的动态造型来表现，胯部较为突出的一端应与服装较为贴合，另一端则会产生较大的空间，所以初学者要想画好A型衣身造型必须要注意人体腰胯的动态。

(3) 橄榄型廓线衣身特点：
　　一般橄榄型廓线的衣身肩、摆部较为合体，腰、胯部较为宽松，如鼓状的外形，在表现时应注意，由于面料悬垂的效果，所以把服装最为膨胀处略微下移，基本表现在衣长的下三分之一处，这样能表现出橄榄型的衣身效果。

(1)

(2)

(3)

三、下装结构造型的画法

（一）裙子的画法

裙子的造型种类繁多，在表现裙子的造型之前，无论是半截裙还是连衣裙，首先要确定裙腰的位置及腰线的透视效果。在画喇叭裙、直筒裙或多褶裙的时候，通常在腰臀之间，裙身是较为贴身的，裙摆的扩展程度则要根据裙型而定，但一般裙摆线的两端都是向上透视的，如果画成直线或与之相反，人体腿部的立体感及透视关系就体现不出来了。最后要注意区分裙子上的褶纹，是设计的褶裥还是由于人体动态造型所产生的褶皱。如果表现动态的褶皱要尽可能地省略。

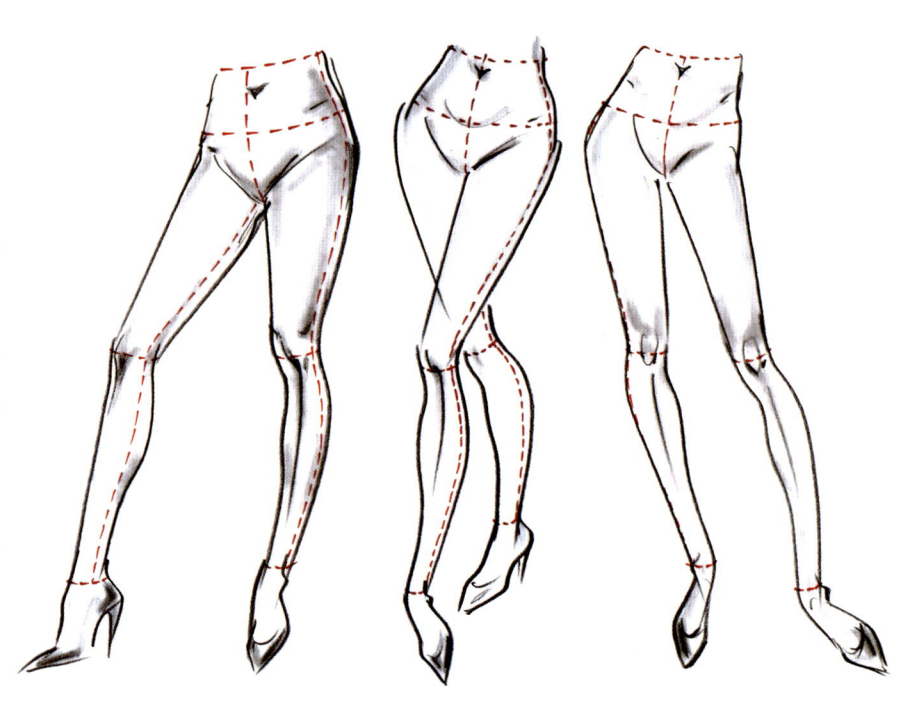

腿部的动态和各种裙子的造型

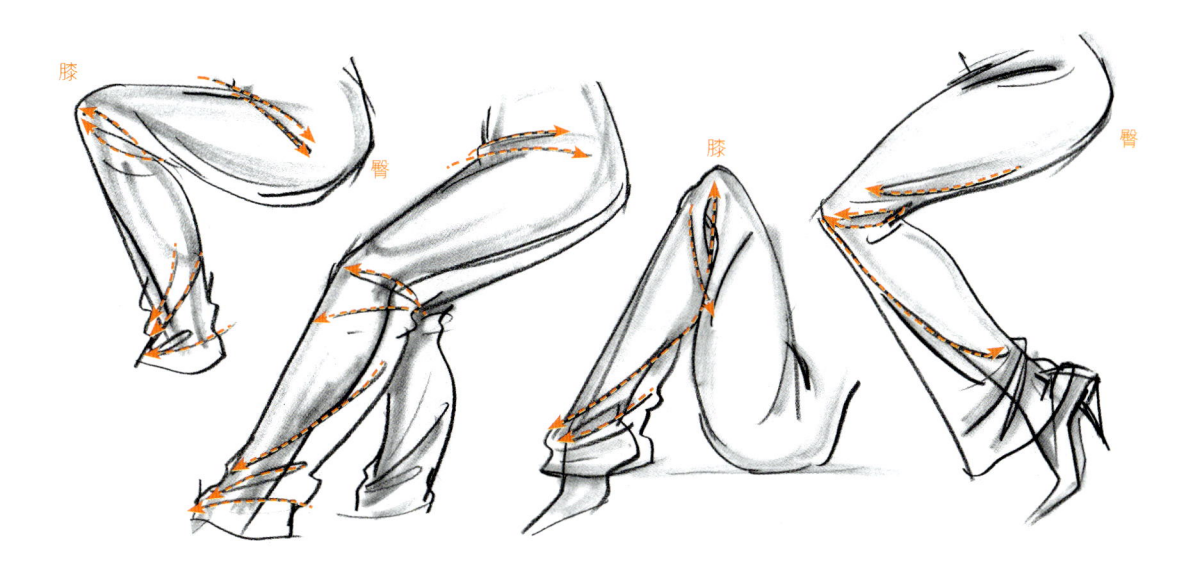

腿部动态与裤子褶皱的关系

（二）裤子的画法

裤子与裙子一样，要注意腰线的位置及透视线的造型。

裤子的画法跟人体腿部的结构造型有很大关系，在表现时，要根据人体腿部的骨骼、肌肉、关节的运动规律及动态造型，来确定裤子与人体腿部的贴合关系，并准确地反映出褶纹的位置。可用简练的线条把它表现出来。

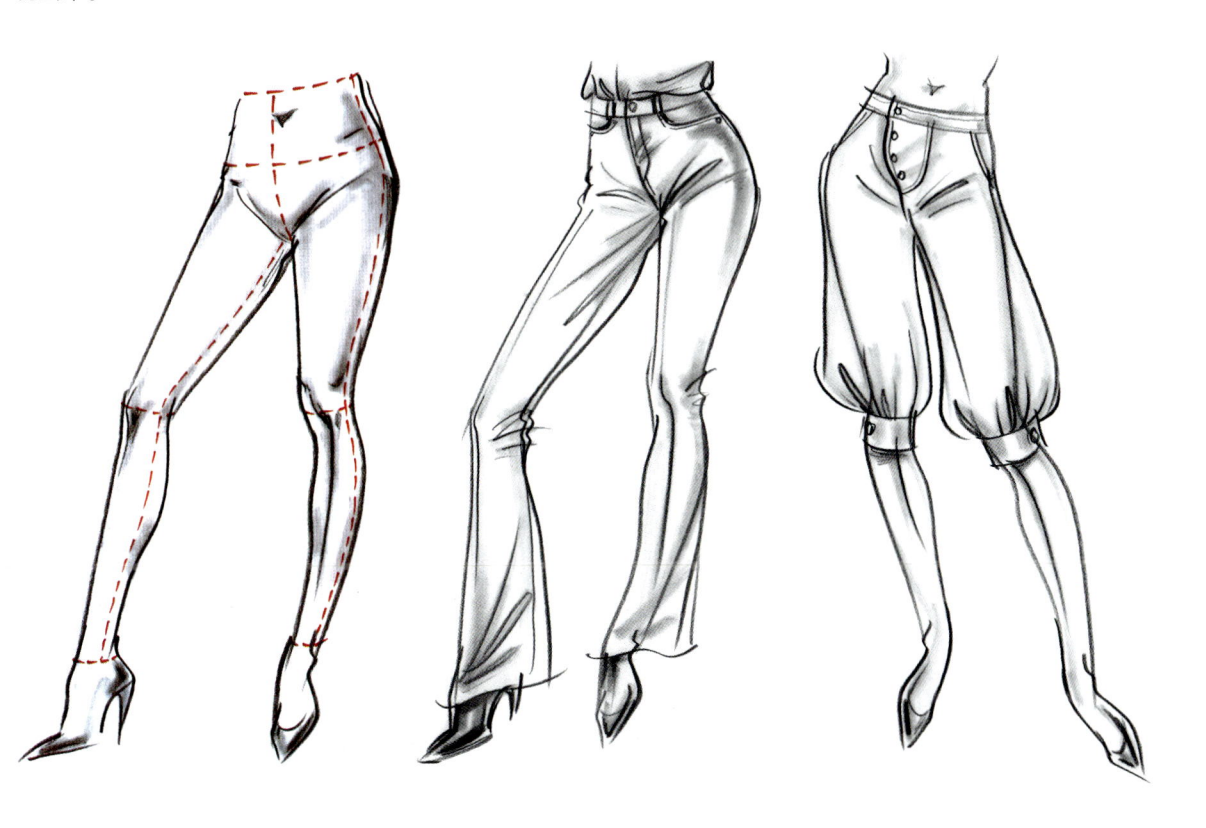

裤子的结构造型与透视

第二节　服装衣纹与光影的画法

一、人体结构造型与光影的画法

服装明暗关系的表现是反映服装造型立体感的重要手段。

对初学者而言，把握、确定服装明暗关系的位置，不仅是光影在服装面料上的视觉体现，更重要的是体现了人体结构造型对服装结构本身的影响。

要想画好服装的明暗关系，首先要反复观察各种不同质感肌理的服装面料，以及着装状态下的成衣在光影下的变化及特点。其次根据人体的结构造型，将明暗关系表现在人体结构造型转折的位置上，这样既能体现着装后的立体效果，又能通过不同的明暗位置及面积反映出服装面料的特征。另外，出现衣纹的部分及位置，也应通过明暗关系，强调其起伏的立体效果。

二、人体动态造型与衣纹的画法

衣纹的产生是由于人体结构在动态造型的情况下，所表现的自然而不固定的褶皱。

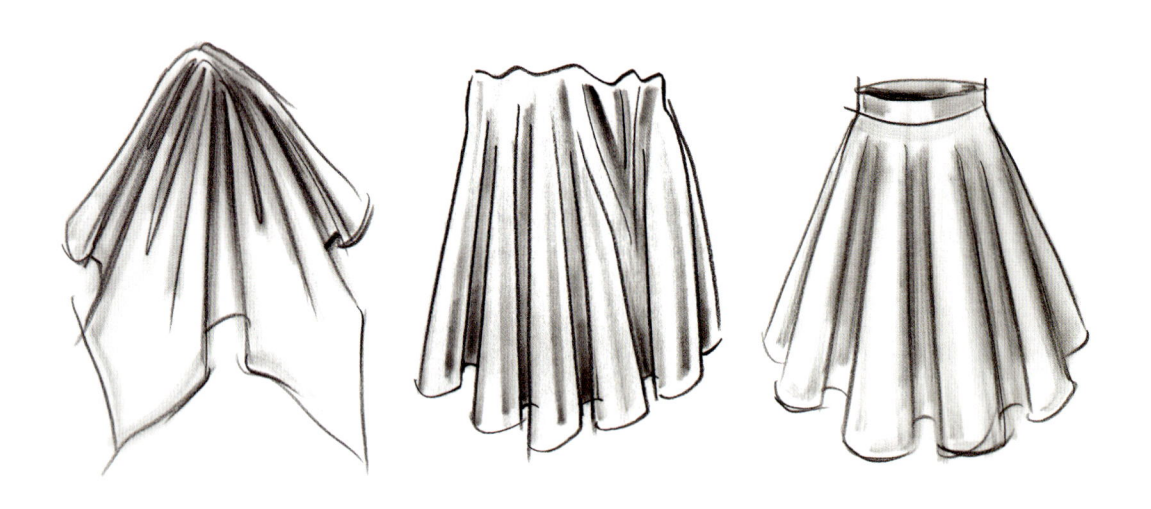

面料的悬垂与裙子褶纹的关系

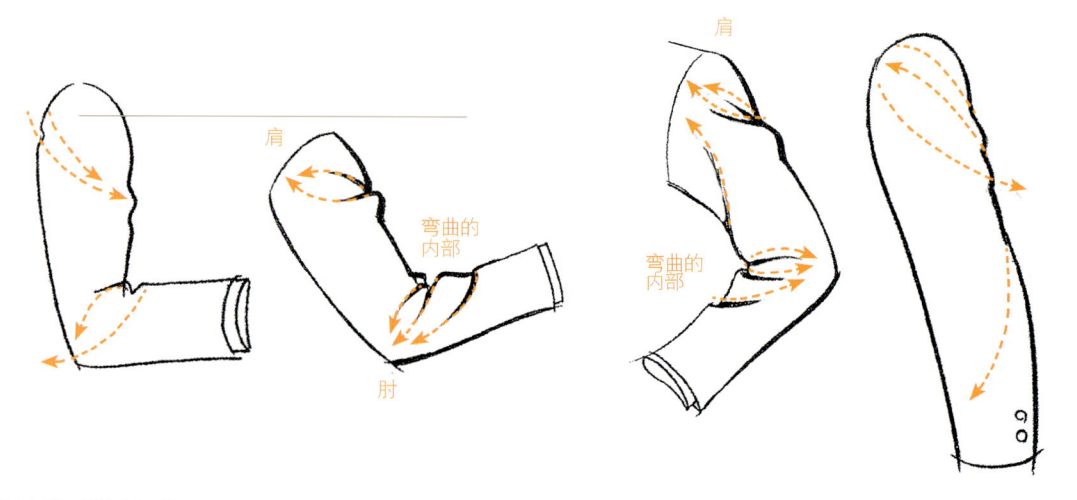

胳膊动态与袖子褶裥的关系

人体动态造型与衣纹

衣纹大多出现在人体四肢的关节部位。要想准确地通过衣纹反映出人体动态造型及服装款式特征，首先要仔细地观察着装动态下的衣纹特征及规律，但在表现时要省略、减弱你所见到的大部分琐碎衣纹。服装衣纹也由于面料质感的不同，呈现疏密、强弱、长短、大小的不同形式，所以服装衣纹的表现是否得体，不仅能体现出服装款式的设计效果，同时还可以反映服装面料的质感与风格。

三、服装造型与褶裥的画法

服装造型中的褶裥，是服装设计中所采用的一种装饰手段，并使之在特定的位置上提高着装后的舒适程度及时尚流行感。由于褶裥是不进行缝合的，所以它具有活动自由的特点。

在服装造型上，常见的褶裥是经高温熨烫定型的，如对褶、顺褶、工字褶、风琴褶、放射褶等。在表现服装造型中的褶裥时，首先应仔细地考虑褶裥与服装结构造型及透视的关系，在确定其位置后，还要结合所选用面料的肌理及悬垂的特征，然后再画出褶裥的方向及褶裥造型状态的立体效果。

案例解读

在表现服装褶裥时，首先要考虑形成褶裥的特征及服装面料的特性再进行描绘。上左图的裙摆褶裥属放射型，围绕臀位线等量散开，因此形成其下较均匀的效果，在表现时应注意透视的关系；上右图的围巾褶裥在设计上采用围巾式效果，褶裥主要集中在右前肩部，在表现时应注意表达下垂部分飘逸的褶裥效果。

第三章 服装的表现技法 47

案例解读

画面用笔灵活而流畅，人物动态舒展，适于表现服装的整体造型效果，同时作者用极概括的线条归纳简化礼服因人体动态及款式造型而产生的褶裥特点，并在明暗上生动地表现出了轻薄面料的质感。

(1)

(2)

(3)

技法宝典

(1)胸花的表现。肩部的胸花较为繁杂，但在表现时需要表现出层次感，可先用马克笔勾画出花瓣的范围及部分花蕊，再用黑色马克笔勾画出花瓣的细节即可。(2)胸部的褶裥是由两端袖笼处向中间堆积形成的，要想画好胸部与褶裥的关系，首先要了解服装的结构特点，这样才能把款式的设计意图表现出来。(3)礼服裙下摆褶裥的特点由于结构造型的不同，所以在表现时一定要注意用线的变化。外面裙子的褶裥是由一侧从上至下展开，故可用方头马克笔画出褶裥的层叠与转折及光影效果。另外，里面的裙子要画出裙褶由上至下自然散开的效果，所以用线要圆润流畅。

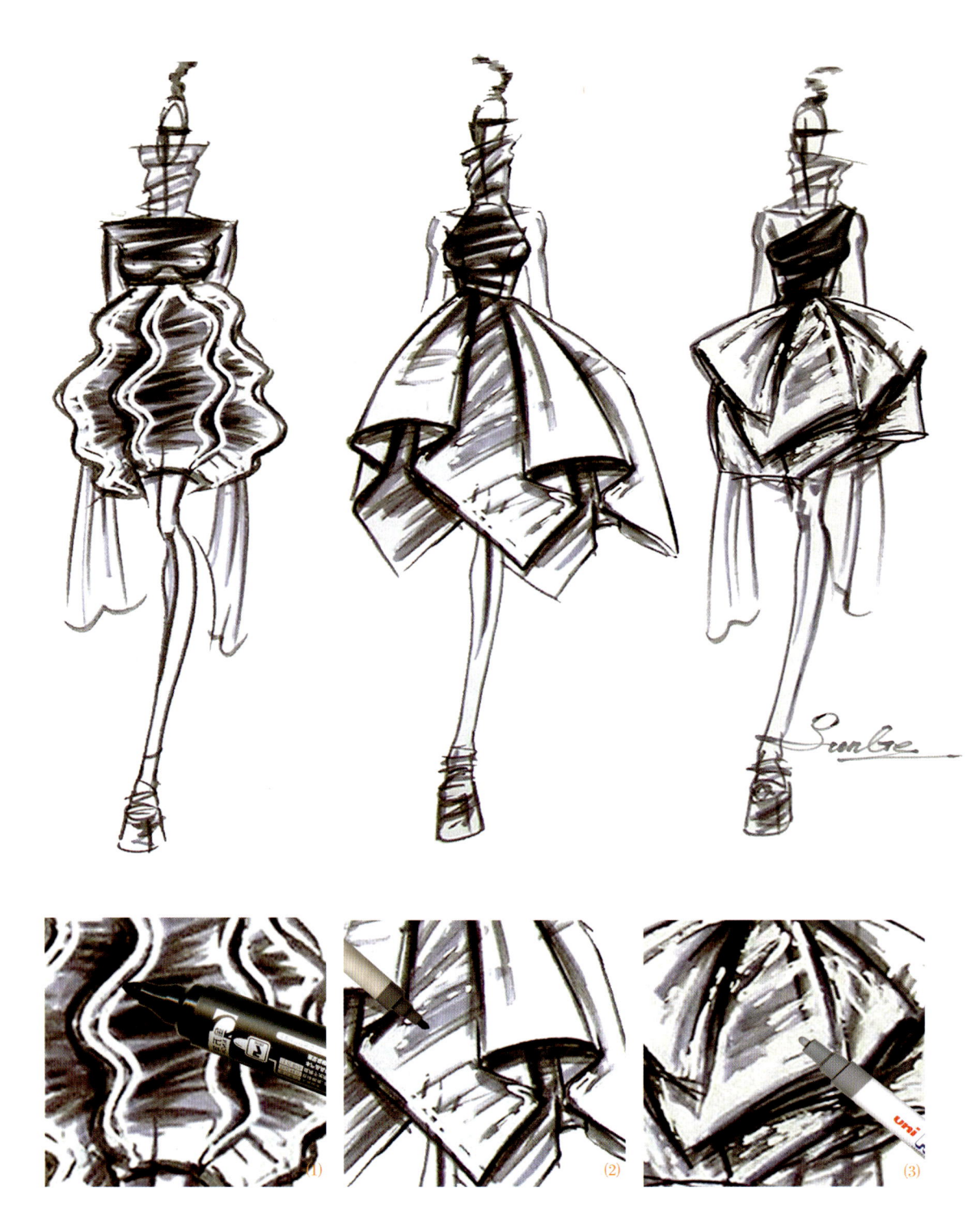

案例解读

上图设计概念的构思灵感是以褶裥为元素的。在创作服装效果的表现中，画面人物与动态造型的处理简洁而统一，裙子造型的褶裥表达丰富而准确，较好地突出了复杂的裙子廓型与结构分割，勾画的线条严谨而清晰。

(1)先用黑色水性马克笔勾画裙子的外部轮廓，用线要流畅准确。(2)用灰色水性马克笔勾画裙身的肌理与光影效果，用线要连贯肯定。(3)用白色漆笔或涂改液勾画裙身的受光部分及结构线，用笔要简洁并富有变化。

第三节　服装面料质感的画法

一、轻薄面料的画法

一般轻薄面料多为春夏季服装或女士礼服所选用的面料。它的基本种类有纱、丝、绸、缎、绢等品种，其特点多为透明柔软、光泽顺滑、轻盈飘逸及悬垂性强。表现此类面料的时候，所使用的线条要自然、流畅，并避免线的呆板与粗糙，可特意将采用此类面料的服装设计图画成处于瞬间飘动的状态，从而加强此类面料效果的视觉感受。另外，要想画出轻薄面料的效果，首先要不断地反复观察着装者在动态造型下，此类面料的状态特征。其次要注意此类面料的服装与人体贴合的部分，其外轮廓的线条往往呈现出与人体的外形结构一致的特征，另一边则形成展开或下垂效果。

案例解读

画面用笔严谨而连贯，人物动态舒展，造型处理简洁而统一，适于表现服装的整体效果。面料上的图案处理丰富、细腻而不凌乱。同时作者用极为准确的线条归纳简化了服装因人体造型而产生的褶皱，通过图案较好地体现了设计的意图，并通过光影的变化略加明暗就生动地表现出了轻薄面料的质感，裙子的画法较好地突出了面料的悬垂效果，同时还将裙子的结构造型，表现得十分清楚。

作品使用画具：0.5自动铅笔、擦笔、毛笔、水彩、水溶性彩色铅笔。

技法宝典

在使用水溶性彩色铅笔上色时，如果要想突出较为鲜艳的色彩，要先在图画的位置上用较淡的水彩上色，待完全干透后，再用水溶性彩色铅笔上色，这样就会使颜色鲜亮明快。

案例解读

画面用笔轻盈而准确，人物与服装造型的用线速度极快，使人物造型产生灵动的韵律美，并用极为概括的手法巧妙地表现出衣褶的悬垂飘逸与面料的柔软与反光。作者通过灰、黑色马克笔深浅的变化，重点突出了面料肌理、款式结构与人体动态之间的造型关系，进而使画面效果简洁而利落、丰富而生动。

作品使用画具：水性黑、灰色马克笔。

技法宝典

在用水性马克笔表现柔软、反光、飘逸的礼服面料时，要先用圆头灰色马克笔勾画款式轮廓，再用方头黑色马克笔在服装褶裥及款式结构的突出部位勾画出光影的变化，这样就能体现出面料的肌理特征。

经典赏析

左上图：画面用笔灵活而流畅，人物动态舒展，适于表现服装的整体造型特点，面料上的图案处理丰富而不凌乱。同时作者用极概括的线条归纳简化服装因人体造型而产生的褶皱，并在此略加明暗，就生动地表现出了轻薄面料的质感。

右下图：作者巧妙地运用有色透明膜来体现轻薄面料服装的质感及造型特征，通过明暗深浅的变化重点突出了款式结构与人体之间的空间关系，进而使表现效果丰富而生动。

(1)雪纺印花面料的表现：用线纤细自然，面料纹样刻画细腻，较好地刻画出面料薄而飘逸的效果。(2)纱质印花面料的表现：用线简洁流畅，通过内衣的颜色及面料纹样的刻画，较好地表现出面料透而飘逸的效果。(3)硬纱面料的表现：用线生动准确，通过服装黑、白、灰颜色的差别，较好的表现出面料透而挺括的效果。

作品使用画具：透明膜、马克笔、签字笔。

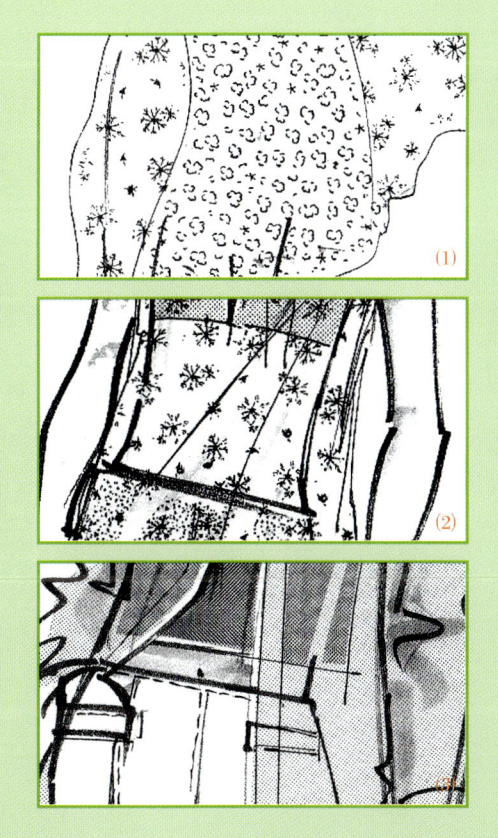

二、厚重面料的画法

厚重面料一般作为春秋两季或冬季服装的用料。它的种类较多，其特点丰富突出，如粗纺、牛仔、棉麻、毛呢等，面料挺括、粗犷，结构组织清晰明显，羽绒、棉服类则表现出蓬大、松软、轮廓圆浑的特点。在表现上，要抓住其鲜明突出的外形特征加以表现，用线要大胆自然，特别是外观圆浑蓬大的防寒服类，要强调表现其绗缝所形成的肌理变化，将服装上出现的一块块凹凸起伏的效果，可以用线面结合的形式反映出来。

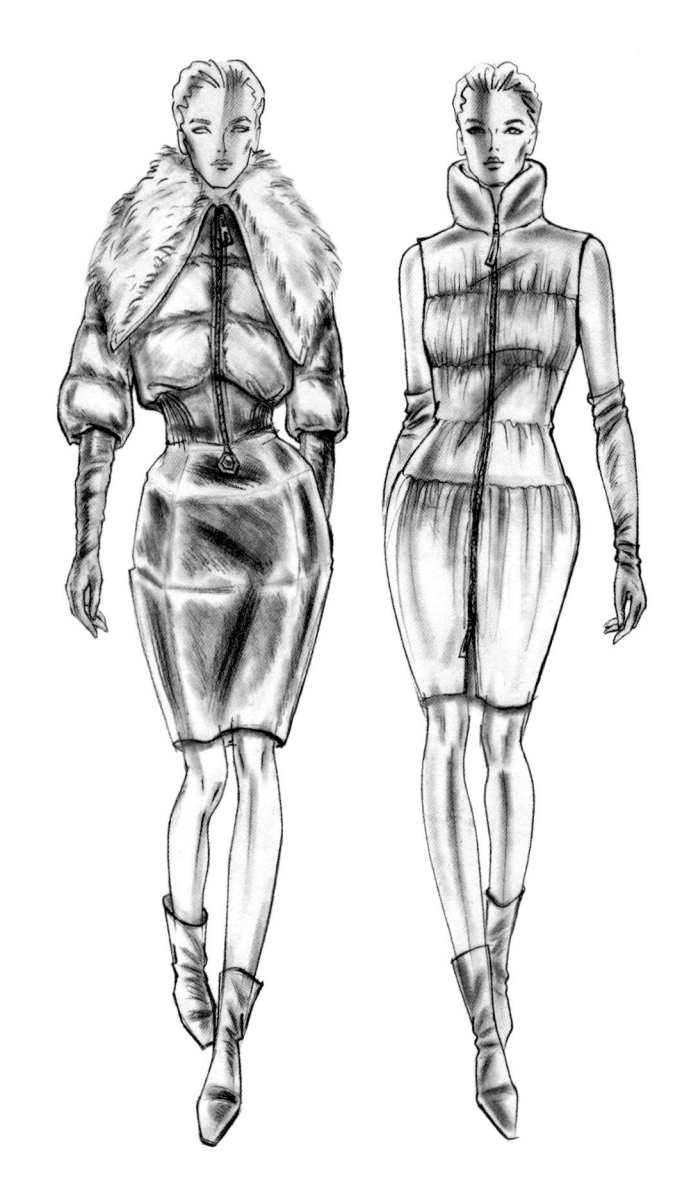

案例解读

左上图：画面的人体造型动态较为含蓄，巧妙地表现出裘皮围领的蓬松效果与挺括面料的肌理变化，十分准确地体现出了款式造型及面料的整体效果。另外，在款式结构分割与局部细节的处理上十分严谨到位。

右上图：此两款羽绒服用线简洁而准确，高度概括了其穿着后所产生的细碎皱褶，同时通过在款式上的明暗变化，更好地突出了羽绒服轻柔、蓬松、保暖的感觉。特别是裘皮领及服装填充膨胀的效果表现得生动逼真。

经典赏析

左上图：此两款防寒服用线简洁而准确，高度概括与省略了其穿着后所产生的细碎皱褶，同时在款式上没有明暗变化，使其更好地突出了羽绒服轻柔、蓬松、保暖的感觉。

右下图：这是两款毛呢材质的大衣，画面整体效果和谐统一并富有变化。用线随意而准确，为了突出强调其面料质感，在重点部位有意加重款式的外型廓线，同时运用灰底色与有色透明膜结合的方式来表现面料厚挺及悬垂，是十分巧妙而生动的。

(1)复合面料的表现：用黑色马克笔重点表现服装的外形与宽大的绗缝线迹，用线肯定浓重，较好地反映出防寒服蓬松、厚重的效果。(2)人字呢面料的表现：线条丰富而统一，在黑色廓型线条的映衬下，更显示出面料纹样肌理的细腻。(3)花呢与毛针织面料的表现：利用透明膜的灰色纹理来表现花呢的面料质感，并通过袖口毛针织烘托了面料材质整体丰富的肌理效果。

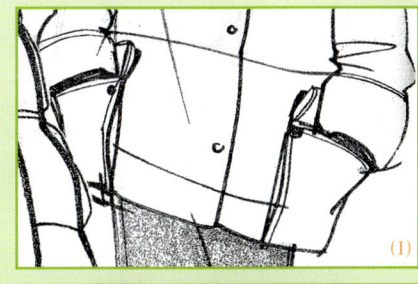

2003/2004 WINTER FASHION TRENDS WOMENSWEAR THE STYLING BOOK

三、反光面料的画法

　　反光面料主要表现为皮革、丝绸、复合面料等品种。另外，丝绒面料也是在服装设计上经常采用的，尽管它的反光效果并不突出，但在光影条件下，它的反光位置是与其他面料的反光位置有所不同的，所以画好反光面料的效果，首先要重点观察此类面料的反光位置。另外，在表现上要注意线条的速度感，因为面料的反光点是在人体动态造型下瞬息万变的，所以用线的肯定与流畅，可以体现出光感的效果。还有就是在不影响面料固有色的基础上，尽量在反光与衣纹的位置上，添加环境光的色彩，借此反映出其面料的特点，这样体现出来的反光面料效果，就真实可信了。

案例解读

　　这两款皮革材质的服装，作者用线肯定而简洁，利用大面积明暗变化较好地突出了皮革服装反光的肌理特点，同时搭配蓬松裘皮围领，丰富了其款式设计，准确地体现了材料的反光效果及造型特征。

　　(1)先用擦笔轻轻地作出皮革的反光效果，并逐步加深。(2)用铅笔将衣褶的部分排列出整齐的线条，最后用橡皮提亮反光的部位。

　　作品使用画具：6B铅笔、擦笔、黑色水溶笔。

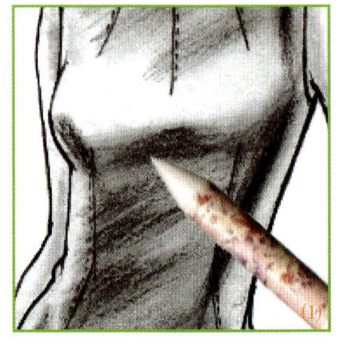

经典赏析

作品使用画具：透明膜、马克笔、签字笔。

左上图：这是两款皮革材质的上衣，作者用线肯定而简洁，较好地突出了皮革服装硬朗挺括的造型效果，大笔触的明暗变化，准确地体现了材料的反光效果及造型特征。

左下图：画面整体效果生动逼真，作者利用明暗的光影变化及褶皱特点，以较为写实的技法体现出了反光面料的肌理效果，同时还利用面料纹理的勾画，丰富了其款式设计，让人过目不忘。

右下图：此两款服装造型表现得十分准确到位，在表现面料质感上利用擦笔结合灰色透明膜突出了皮革的反光效果与褶皱特点，同时还注重款式细节的刻画，如：明线、口袋、袖牌等。整幅画面用线简洁，脸部五官生动传神，人体造型极富动感。

四、特殊面料的画法

特殊面料主要是指在肌理上、机能上变化较大，形成特征的面料品种。如裘皮、针织、蕾丝或刺绣、镶嵌、图案纹样的面料。在纺织业高速发展的今天，面料的种类日新月异，新型面料不断涌现，所以在表现方法上不是固定不变的。但不论面料的肌理、造型多么复杂、特殊，只要我们注意观察，了解面料的结构特征、外形状态及着装后的造型效果，特别是在表现时，抓住明暗变化较大的部位，根据其结构形态进行重点的深入刻画，就能将其面料的效果准确地表现出来。

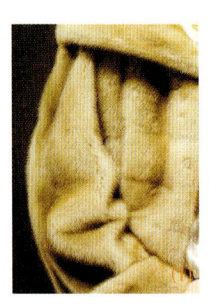

案例解读

上图为三款裘与皮相结合的裘皮服装，主要使用笔与铅粉相结合，虽然只是用擦笔，把大的明暗关系在褶皱处略加渲染，但毛绒蓬松、轻盈的肌理效果却表现得非常逼真，左款用寥寥数笔的短线条就体现出了短毛裘皮的特征。另外，作者又用简洁严谨的线条配合灰色透明膜，来刻画袖子的结构、衣身的廓型与内部结构，在用线上也极为简洁。整个画面在黑、白、灰的相互对比中，人物头部造型及眼神的刻画与此款服装相得益彰，彰显了自信、优雅的整体着装效果与设计理念，突出了蓬松厚重的款式造型。

(1)水貂皮毛；(2)貂子皮毛；(3)银狐皮毛；(4)貂子皮毛。

经典赏析

左上图：这是一款短毛的裘皮服装，虽然只是用擦笔，把大的明暗关系在褶皱处略加渲染，但毛绒蓬松、轻盈的肌理效果却表现得非常逼真。另外，在用线上也极为简洁，只是表现了以腰身为主体的结构造型，袖子的廓型用寥寥数笔的短线，既体现袖子的造型又突出短毛裘皮的特征。人物头部造型及眼神的刻画与此款服装相得益彰，彰显了自信、狂野的整体着装效果及设计理念。

左下图：此款长毛裘皮服装，主要使用铅笔与铅粉相结合，重点表现了皮毛肌理的变化特点，在较重的明暗中，强调了这款裘皮服装的内部结构造型。另外，作者又用简洁严谨的线条配合灰色透明膜，来刻画内部的束身服装，整个画面在黑、白、灰的相互对比中，突出了蓬松厚重的款式造型。

右下图：此幅效果图作者运用了综合技法来表现，用线简洁严谨，较好地体现了人体动态与服装款式的造型关系。在装饰裤子的蕾丝表现上，先用细线勾画出蕾丝的网格结构，再用灰笔画上透过来的裤子颜色，然后刻画蕾丝上花卉的造型，最后用较粗的黑笔勾画花卉的部分边缘，使之富有立体的效果。

作品使用画具：铅笔、擦笔、透明膜、马克笔、签字笔。

2003/2004 WINTER FASHION TRENDS WOMENSWEAR THE STYLING BOOK

五、综合面料的画法

在款式图的表现中，也需要将所用的综合材料的纹样肌理变化准确地表现出来，因为材料肌理的凹凸变化往往会影响服装的结构规格设计与工艺缝制设计等，以下通过三个款式来介绍绗缝、皮毛、针织等材料的表现技法。

技法宝典

(1)绗缝材质的表现：

用铅笔将绗缝的图案线迹勾画均匀，在每一个绗缝线迹的边缘用擦笔先轻轻擦出光影效果，但在每一块的绗缝区域上一定要留出受光的区域，再用擦笔逐渐地擦出绗缝凹凸的立体效果。

(2)裘皮材质的表现：

先用铅笔顺裘皮毛针的方向勾画，再用擦笔顺勾画的线条轻轻地擦出每一簇皮毛的肌理效果，并逐渐加深，最后用铅笔勾画出裘皮的毛针，这样就可表现出裘皮肌理效果。

(3)针织材质的表现：

先用铅笔勾画出针织纹理的图案，再用擦笔轻轻擦出其凹凸的起伏效果及毛绒的厚重效果，再逐步加深，最后用铅笔重点刻画出图案的纹理。

经典赏析

这几张效果图是在日本专业考察时拍到的,当时只觉得图画得非常漂亮,没有注意到作者及刊物的名称,此次作为经典图例供大家参考学习,在此向作者表示感谢。这几幅作品所表达的内容形式生动逼真,作者利用超写实的技法将皮革及反光材料的服装质感与款式造型,表现得惟妙惟肖,模特儿的形象与动态描绘得抽象而张扬,但整体效果表现得丰富而精彩,令人过目不忘。

作品使用画具:透明性水彩、不透明性水彩、水溶性铅笔。

案例解读

　　此幅效果图较好地把握男性的阳刚、冷峻的气质，服装的刻画简洁细腻，较为厚重的背景渲染效果，使画面具有较强的视觉冲击力。

　　(1)丝绸的领带与皮革外套均具有反光效果，但在表现时，要注意表现其肌理、褶裥及反光的特点；(2)红色衣里的表现是整幅画中刻画较为细腻的部位，要抓住受光面与背光面的色彩关系，并提亮受光面中的高光部分，这样就能表现出翻转衣里的立体效果；(3)脚部刻画是体现男装气质的重要部位，要把鞋的反光与裤口褶皱效果一起表现；(4)背景的渲染色彩要注意与人物着装的效果相匹配，起到衬托、装饰的效果。

　　作品使用画具：色粉笔、水溶性铅笔、黑色油性马克笔、擦笔、素描纸。

第三章 服装的表现技法 61

经典赏析

此两幅是意大利品牌玛丽艾拉·普拉尼（Mariella Burani）的作品。该品牌的服装风格刚柔并济，热情与庄重相互交融，实用性与艺术性立体结合，在对比中散发着成熟女性洒脱的气质。

右上图：这是一款以蕾丝为主材料的连衣裙。作者利用蕾丝本料特意剪成裙摆飞扬的造型(1)，映衬出大红色紧身内衣的炽热及回眸中冷酷的神态，充分表达了其设计意图，是一幅难得的佳作。

左下图：这是一款以特殊肌理的厚重面料为主材料的宽松外套，作者也是利用本料剪成设计的造型，加以结构线，特别之处是在袖口(2)、下摆处淡淡数笔水彩，将透明薄纱混搭的设计风格表达得含蓄而富有个性。

以上两幅设计图表达形式较为抽象，但细节处理严谨丰富，画面整体效果完整，表现形式新颖。

案例解读

以上两幅为学生的课堂作业，画面构图丰满、整体感强，表现技法较为熟练，利用色粉笔进行大面积的色彩渲染，用写实的手法体现皮革、丝绸两种反光面料的肌理效果，但画面及服装缺乏细节深入地刻画，如左图男装的帽子、围巾、毛衫应按主次关系表达出针织材质的肌理及细微纹路，右图女装领子的绣花纹样还可刻画得更加具体突出，这样会加大画面的空间效果和服装主体的视觉冲击力。

作者：2008级服装设计专业 尹姣

即时训练

1. 参考服装摄影资料，分别画出五种正面、半侧面透视的领型。
2. 选择手臂叉腰的姿态，画出十种不同造型、不同面料的袖子造型设计。
3. 画出当视点在腰线上方时的五种裙子的造型设计。
4. 通过女性着装造型写生，先完成表现性的速写训练，再将画好的速写按照服装画的要求，简化、归纳线条并完成服装的款式造型。
5. 按照两种男、女不同的姿态，分别将休闲装、礼服表现在人体上。
6. 参考服装摄影资料，分别完成裘皮服装、皮革服装、牛仔服装男装或女装造型的质感的训练。

第四章 服装设计图的表现技法

64 第一节 服装款式图的画法
64 　　　一、线描示意法
66 　　　二、造型表现法

68 第二节 服装效果图的画法
68 　　　一、速写草图画法
72 　　　二、线描写实画法

75 第三节 色彩的表现技法
75 　　　一、马克笔的表现技法
79 　　　二、水溶笔的表现技法
84 　　　三、色粉笔的表现技法
89 　　　四、油画棒的表现技法
95 　　　五、水彩色的表现技法

第四章 服装设计图的表现技法

第一节 服装款式图的画法

一、线描示意法

款式图是构成服装设计图的主要元素。款式图一般是设计师必须掌握的专业技能。在用线描示意法表现时，首先要认真考虑服装各部位的造型特征及外形线条的起伏状态，因为它将影响规格及结构设计表达的准确性，对于初学者来说，可借助直尺或曲线板配合完成服装款式左右两侧的外形线与内部结构线的一致性及对称效果。

线描示意法表现的内容是：所设计服装的正面造型，重点体现出服装整体的款式结构的比例变化及局部的细节变化，线条简洁，不过多地体现穿着后光影变化及立体效果。

一般采用0.5mm自动铅笔、签字笔来勾画。

图一 女衬衫的系列设计

上图为一组衬衫的系列设计，是2004年画的春夏季设计图稿，当时品牌定位的市场目标是30—35岁的职业女性。这几幅图用线严谨流畅，领型及局部的设计刻画得准确到位，为企业生产中的制版及工艺缝制奠定了基础。现在有些专业学生不重视款式图的表现及绘画技巧，这会为今后走向设计岗位带来一定困难。

本章引言

服装设计图是服装设计师在表达构思时最简洁、最直观的表现形式，是指导结构制版、工艺缝制的重要依据。服装设计图的表现形式种类繁多、技法多样。本章节主要讲授服装款式图、效果图在实际设计中的应用画法，并通过不同绘画材料的表现技法及分解步骤，使初学者通过临摹训练，熟悉各种绘画材料的特性，进而掌握服装设计图的表现技法。

本章重点

服装款式图的画法
服装效果图的画法

本章难点

服装效果图的色彩表现技法

建议课时

36课时

知识链接

线描示意法是服装生产型企业，采用较为广泛的一种服装款式图画法。它运用简练、明确的线条，单纯地表现出服装款式的造型，为制版、工艺等环节的生产提供依据。

第四章 服装设计图的表现技法

图二 休闲针织女装的系列设计

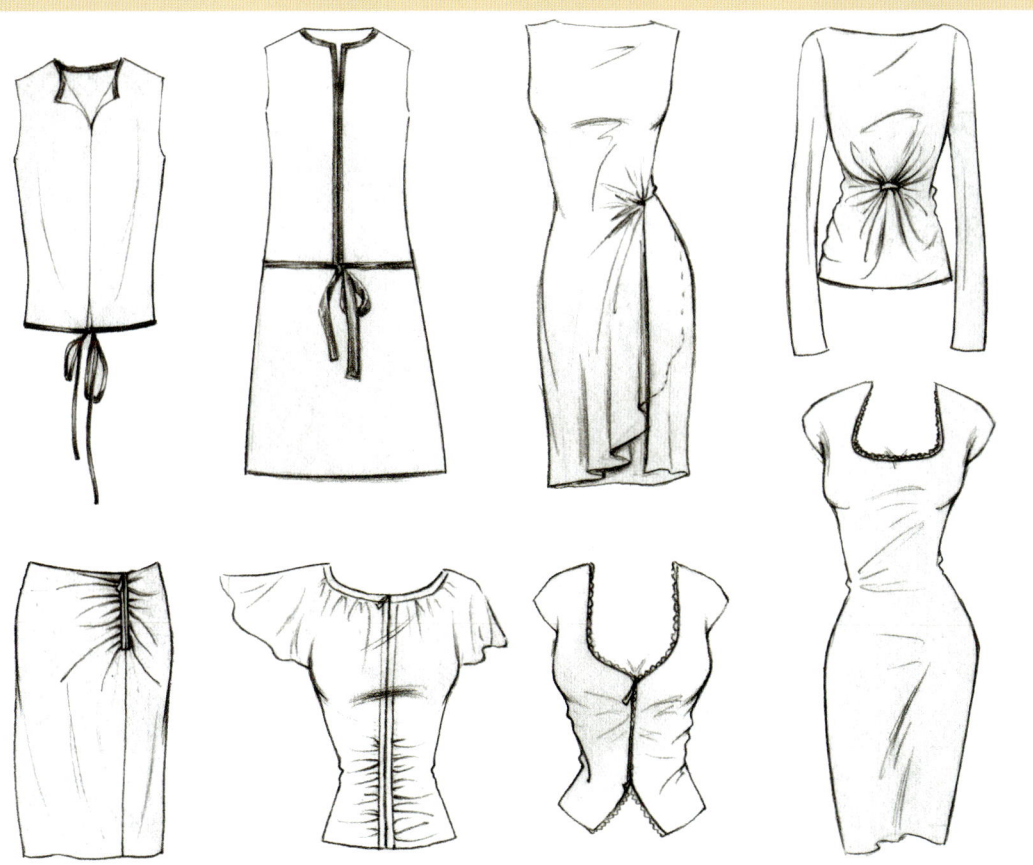

图三 时尚针织女装的系列设计

知识链接

造型表现法是品牌服装企业在设计中一种常见的表现形式，它不仅强调了服装款式造型的立体效果，还较为生动地反映出品牌定位的风格特征。

技法宝典

造型表现法重点是通过服装自然状态下所产生的褶皱，来表现款式的廓型及规格的特征。

二、造型表现法

造型表现法勾画，虽然不画出人体的外形，但它是借助于人体躯干、四肢的造型的立体感，来突出表现服装款式的三围特征、面料效果及着装状态。

在表现时，所用线条要自然，体现出粗细、轻重的变化。通过光影的明暗变化，来体现面料的质地与服装款式结构的造型特征。

造型表现法重点表现的内容是：人着装后的一种款式状态，注重造型状态及线条表现的随意性。通过表现衣褶的特点及光影的变化突出服装材料的质感及造型特点，使服装款式达到一种穿着后的自然状态，突出其立体的造型效果。

一般采用3B、4B较软的铅笔，并配合擦笔来绘制完成，通过衣褶的变化来表现面料肌理的特征。

第四章 服装设计图的表现技法

第二节　服装效果图的画法

一、速写草图画法

知识链接

　　速写草图画法是一种与绘画的速写形式基本相同的画法，但它的表现特征是——将人体的动态造型以更好地表现服装款式内容为目的，能重点反映出服装结构造型及设计者的设计意图。它采用简练、流畅、富有变化的线条，对所使用的画具没有太高的要求，如铅笔、签字笔、马克笔、毛笔均可。这种画法方便快捷而易于修改，能将瞬间的灵感构思，通过寥寥数笔表现出来，其画面效果是富有激情和感染力的，所以速写草图画法是职业服装设计师在构思过程中经常使用的一种技法。

案例解读

　　右上图速写作者抓住了模特儿瞬间的动态造型，肩部的前耸和裙摆的后扬构成了丰富的节奏变化，使整个画面静中有动。服装速写草图式画法，重在通过虚实、主次、强弱的关系与安排，来表现模特儿表情、身体动态与服装造型的关系并表现出模特儿着装后的个性美感。

　　左下图通过模特儿人体的大面积留白，更多地刻画出所穿夹克的硬朗特征，使之产生画面中刚与柔的对比效果。服装速写的目的还是在于表现人着装后的整体效果，人物动态造型是烘托服装特点的重要因素。画面的明暗关系与光线无关，更多地与服装的面料质感、褶皱的疏密及作者的意图有关。

第四章 服装设计图的表现技法 69

案例解读

这两幅礼服设计的速写草图是作者采用马克笔与荧光马克笔结合完成的。画面的效果一气呵成，通过纵横交错的线条体现出较强的节奏感与张力，柠檬黄、苹果绿色的荧光笔表现得恰到好处，既勾画出礼服的华贵特征，又烘托了整个画面的气氛。

技法宝典

　　这是一组以民族文化为灵感的系列女装设计。在用速写草图画法表现系列服装设计时，整张作品线条要表现连贯、流畅、一气呵成。在服装的表现上要考虑服装的外部廓线及内部结构变化的设计特点。另外，人体动态造型不要过分地夸张与变形，重点在于表现服装的设计效果。可以借助一些颜色进行简单的渲染，使整个画面简洁生动。另外，在表现设计中波浪式的下摆设计时要注意应表现出仰视的画面效果，用来增加服装的立体效果和层次感。

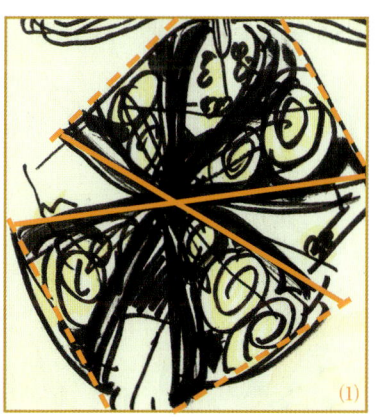

第四章 服装设计图的表现技法 71

案例解读

服装速写的形式主要是用简练的线条表达出设计的构思，那么服装的外部造型与内部结构即勾画的重点。此系列外部廓型变化较大，回旋式图案设计贯穿整个系列，勾画线条粗犷大胆，疏密有致，较好地体现出创意设计的外形特征。

(1)X廓型的衣身设计表现；(2)A廓型的伞状设计表现；(3)O廓型的灯笼裤设计表现；(4)梯廓型的蘑菇状设计表现。

二、线描写实画法

> **知识链接**
>
> 线描写实法的特点是以清晰、准确、写实的线条来记录勾画出服装设计的结构、造型、工艺等构思意图。

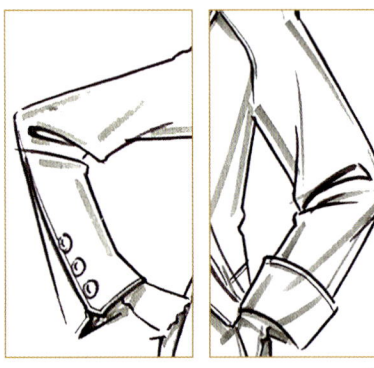

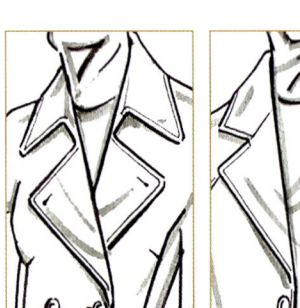

(1)

(2)

(3)

(4)

案例解读

线描写实画法重点通过人物的基本动态来表现服装的款式特征。用线一丝不苟、精确、简洁。此幅作品采用黑、灰水性马克笔表现,用笔肯定、线条连贯,人物与服装的外轮廓线多采用黑色马克笔完成,服装的褶皱及明线处理多用灰色马克笔体现,重点部分的线条多加粗、加深,以体现出画面整体的虚实关系。

(1)男女头部、五官的造型画法;(2)袖子造型中褶皱的画法;(3)衣领造型的画法;(4)男女脚部的造型表现。

第四章 服装设计图的表现技法 73

> **技法宝典**

　　线描写实法一般采用油性或水性的马克笔,可以不施加颜色,以突出着装状态下的服装廓型及细节特征。另外,此种画法以准确的透视线条,详细地表现出服装款式的结构、工艺、比例及造型效果。
　　以上三幅图均采用水性马克笔勾画,分别为浅灰、中灰、深灰及黑色水性马克笔。在勾画时由浅入深,逐步深入,较好地体现出服装的不同层次及造型特征。

案例解读

这是一组儿童鼓乐队的礼服设计。童装设计图的表现首先应准确地把握住年龄段、五官与身材比例的特征，在线条上不能像成人礼服那样随意、多变，而应更多地体现在造型与纹样的变化上。此幅作品较好地体现出了设计细节及纹样特征，充分地表达了儿童着装后的整体效果。

(1)(2)图为男女童面部特征及造型画法，(3)(4)图为前胸、袖口、侧缝的绣花纹样的画法。

作品使用工具：油性马克笔、水溶性铅笔、透明性水彩色、白板纸。

第三节　色彩的表现技法

　　服装设计图的色彩表现技法不同于纯绘画中夸张、写实的处理形式。它是通过色彩反映出服装颜色的设计与搭配的效果，并用于强调面料的质感、肌理、纹样等特征。

　　服装设计图的色彩运用是多种多样的，它不像水彩画、油画那样，只用固定的一种颜色材料来表现整幅作品。服装设计图则可以将几种颜色材料相互结合、取长补短。当设计者在绘制一幅作品时，首先要根据不同的造型与面料的形式，按步骤分别使用不同的画具，在表现中要根据每种颜色的特点，结合服装面料的肌理风格配合使用，这样表现出来的效果才能达到真实生动、质感突出。

　　通常采用的颜色材料工具有：水溶笔、色粉笔、油画棒、水彩色、水粉色等。

　　色彩表现技法的运用多以写实、细腻、柔和的色彩形式来充分地表现出着装后的整体效果，并较为全面地传达设计者的创作意图。

一、马克笔的表现技法

　　马克笔是现代设计中一种较为普遍的手绘工具，由于携带方便、使用简单，深受服装设计师的喜爱，所以也是服装设计图表现技法的主要使用工具。

　　马克笔分为水性、油性和酒精性三种类型，笔头的造型分为圆头和方头，并有大小之分。它的特点是使用方便，不用水和毛笔等辅助工具就能着色，而且线条流畅统一，色彩鲜艳透明，笔触较为一致，马克笔的灰色系也非常丰富，表现力极强。油性笔附着力强、不易涂改，所以要进行大量的反复训练，才能把握发挥马克笔的特性及优势。另外，在使用前，必须对所画的内容做到胸有成竹，并一气呵成。

　　对于初学者在使用马克笔时，首先，要把线条的表现与服装的外形廓线和内部结构结合起来，同时，用笔要肯定，才能更好地利用马克笔的笔头特点表现出更多的笔触变化，进而描绘出不同服装面料的质感效果，也可结合水彩、透明水色、水溶笔、色粉笔、油画棒等工具，或与计算机后期处理相结合，形成较为丰富的艺术效果。

　　另外，使用马克笔时，一般采用光泽平滑的纸张，这样会使画面的效果更好，但在使用时不能反复涂抹，这样会使颜色变得混浊，同时也会使纸张的表面粗糙起毛。可以使用的纸张如胶版纸、铜版纸、复印纸、卡片纸等，但一些纹理粗糙的纸张不适合用于服装设计图中马克笔的表现。

马克笔技法（熊谷小次郎）

步骤一：

用马克笔起形时，基本属于干画法，颜色附着力强，不易修改，所以掌握起来有一定的难度。在完成人物着装的造型时，首先要对所画的内容胸有成竹，线条笔触一定要肯定简练，用笔速度要快。其次要处理好线条的粗细变化。

对于初学者来说，可用铅笔在纸上打个草稿。

建议选用深灰、浅灰搭配使用，这样可以更好地体现出画面的层次、服装的体积感。

步骤二：

首先，用黑色马克笔将人物五官的结构细节及服装的重点部位勾画加深，再选用浅灰色的马克笔对服装的褶皱部分及背光部分进行概括式的处理。等颜色稍干后，用肉色的马克笔勾画人物的面部和手部。

建议在用肉色马克笔勾画时，不要涂满面部和手部，这样会使其变得很平，没有立体感，所以要按照脸部及手部的结构进行描绘。

步骤四：

进入到最后调整阶段，用暖灰色概括处理服装的整体，但服装的局部亮面一定要留白。

用玫红色马克笔勾画西服背心和领带的褶皱和衣纹部分，颜色稍干后，用淡紫色的马克笔对以上部位做概括处理，再用淡蓝色马克笔勾画衬衫的阴影部分。

最后对人物面部进行细致的刻画，这样才能使人物与服装达到整体效果。

步骤三：

在深入阶段，首先用灰色马克笔将人字呢面料与领带的纹样画在服装的重点位置，再使用深色马克笔勾画服装的边缘，以突出服装面料的肌理与款式的造型特点。

用黄色的马克笔勾画服装的背光区域，以增加服装的立体感。

第四章　服装设计图的表现技法

案例解读

这是一幅完整的服装设计图，内容包括两部分：
一、效果图中人物动态与服装造型的用线简洁、生动，较好地刻画出现代旗袍的设计理念。
二、款式图在勾画时首先要修正效果图装饰夸张的造型效果，要用较为准确的线条勾画出服装的结构、工艺、绣花纹样等设计细节。
作品使用画具：水性黑灰色马克笔、荧光马克笔。

案例解读

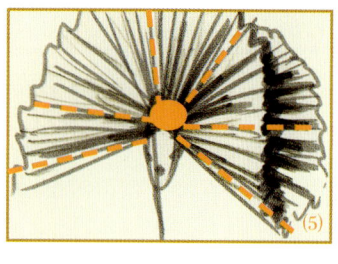

此幅设计图作者采用黑、灰两色水性马克笔勾线而成，在表现上突出扇形结构的造型效果，运用深浅不同的线条突出光影条件下的褶皱变化及服装结构的空间关系，表现时重点抓住褶皱的方向及结构特征，线条长短兼顾围绕中心处向外逐渐展开。在人体造型的表现上，用线极为简洁，使之更好地突出服装的设计造型与理念。

图1：扇形放射褶的造型处在人体的腰臀部，要注意从腰部的中心点处，勾画出褶裥叠加后向周边散开的放射效果。

图2：螺旋形放射褶的造型处在人体的前腰部，要注意从腰部的中心点处按螺旋的走向，画出褶裥叠加后向四周散开的放射效果。

图3：贝壳形放射褶的造型从人体的后臀处向前包裹展开，通过透视可从后臀部的中心点处，画出褶裥向前散开的放射效果。

图4、图5：头部装饰物的褶裥造型画法也是首先要抓住褶裥放射的中心点，按其结构造型的特征，勾画出褶裥叠加、旋转及散开的放射效果。

二、水溶笔的表现技法

水溶笔全称水溶性彩色铅笔,不同于水溶性蜡笔和水溶性炭笔,它的外观同彩色铅笔基本一致,一般分为12色、24色、36色至48色等类型的包装,另外还有金、银两色及不同硬度的单色铅笔。它含油性较高、质地细腻、使用方便、色彩稳定。

水溶笔的特点是可将上色部分用水渲染,能够达到水彩颜料的透明效果,当渲染待干后,可继续用水溶笔深入刻画,即可达到色彩艳丽的效果。没有进行水染的部分不易反复涂画,但可配合擦笔进行涂抹。另外,可结合水彩、马克笔、签字笔或与计算机后期处理相结合,形成较为丰富的艺术效果。

水溶笔的运用一般对纸张的要求不高,最好选择一些表面略带纹理,易于上色的纸张,如刚古纸、图画纸、水彩纸、特种纸等。在服装设计图的色彩表现中,可用作打底或对画好的部分进行细致刻画,如人物的面部化妆、服装的光影部分或服装上的装饰纹样。但它的颜色在渲染后不够光泽艳丽,且覆盖力不强。其表现效果适合于表现针织类或皮毛类材料的服装。

对于初学者来说,建议使用前可先作一些尝试,进行勾画、涂抹、渲染等,在使用的过程中积累一些经验,掌握其不同的特性。

步骤一：

用水溶性铅笔起形时，人物面部化妆与发型要有一定的装饰效果，以此衬托服装设计的整体效果。在用线的表现上要突出刻画服装的外部廓型与内部结构的设计特点，并注重细节的造型表现。

对于初学者来说，此步骤不能等同于素描的起形，用线要自然流畅，要刻画出人物着装后的时尚效果。

步骤二：

首先，用淡绿色的水彩涂抹在服装褶皱及阴影部分，并用一支干净的毛笔把边缘部分逐渐晕染开，使之产生自然过渡的效果。待颜色干透后，按上述技法再重复染色一遍。另外，按此方法将内衣与唇部化妆进行染色。

建议在用毛笔晕开颜色的边缘时，不要反复在纸上摩擦，轻轻地晕开颜色即可。

步骤三：

在深入阶段，首先在干透的淡绿色上用粉绿色的水溶笔进一步刻画，进而提亮色彩的纯度。另外，此步骤的重点是刻画向上飘扬的棕色的卷发。首先选择栗色和土红色的水溶笔按头发的明暗关系及动势造型，进行整体刻画。然后用干净湿润的毛笔将颜色轻轻地晕染开来。

步骤四：

进入到最后调整阶段，用深棕色和黑色的水溶笔按发型的结构特点进行深入刻画，但头发转折的亮面部分一定要保留下来，然后完成脸部的化妆效果。另外，选择中绿色及湖蓝色的水溶笔加重刻画服装的阴影部分及褶皱部分，最后用黑色、普蓝色的水溶笔把服装的边缘廓线勾画清楚。

画面背景可用电脑的绘画软件完成，或选择纯度较高的红颜色表现。

第四章 服装设计图的表现技法 81

(1)

(2)

作品使用画具：水溶性铅笔、毛笔、复印纸。

知识链接

　　水溶性铅笔表现效果细腻、写实，配合透明性水彩使用，会使画面更加丰富完整。要想画好面料的肌理特征与效果，首先要把握质感的四个特点：
　　1. 材料厚薄与轻重的特点；2. 材料软硬与悬垂的特点；3. 材料粗细与疏密的特点；4. 材料反光与毛绒的特点。
　　其次，要抓住不同肌理面料所产生的褶皱疏密的特点。如图中蓝色的针织上衣(1)与浅棕色麂皮绒下装(2)的表现效果及水溶性铅笔的技法应用。

案例解读

这是一幅男士冬装的效果图。皮毛一体的外套及绣花牛仔裤均在技法表现上具有挑战，正面的皮质粗糙反光性不强，可用灰色水溶笔侧面平涂出皮面表面的肌理效果，再用湿润的毛笔把灰色的线条逐渐染开，待完全干后可挑选一支油性较大的眼线笔轻轻地擦出皮革表面微弱的发光效果。另外，皮革背面的斑点可用黑色水溶笔先画出皮毛的纹理，再用毛笔渲染其边缘地带，即可表现出皮毛的效果。最后，牛仔裤的表现，可先用群青色的水彩渲染出着色部分，带颜色干后，再用水溶笔进行平涂，用水蓝色、天然色按裤子光影及褶皱的特点进行平涂，这样即可表现出水洗牛仔裤的肌理特点。

(1)脸部化妆的造型表现；(2)皮面肌理的造型表现；(3)皮毛肌理的造型表现；(4)画面背景的技法表现。

作品使用画具：水溶性铅笔、毛笔、不透明水彩色、水彩纸。

第四章 服装设计图的表现技法 83

作品使用画具：水溶性铅笔、毛笔、色粉笔、大颗粒水彩纸。

技法宝典

具有硬挺质感的牛仔面料，很难表现出身体动态造型下细腻的曲线起伏，所以，在表现时要用硬朗、粗犷的线条来描绘牛仔服装的结构特征。在着色之前应取得最佳的构图效果，并用铅笔认真地勾画出人物与服装的轮廓及细节，然后用淡彩罩染服装的区域，并利用纸的白色来表现水洗牛仔布的褪色效果。待干后，再用水溶笔深入刻画。

三、色粉笔的表现技法

色粉笔是流行于西方绘画中的工具。近年来，在我国的绘画领域及设计领域中使用也较为普遍。颜色的种类及色系的分类非常丰富，最多可达到180色盒装的色粉笔。

色粉笔的质感柔软，色彩丰富、鲜艳而厚重。在使用时要配合擦笔和纸巾进行涂抹，可在涂抹时进行混色，以调和出所需的色彩。色粉笔的覆盖力极强，适合大面积的色彩渲染，具有较强的艺术感染力和视觉冲击力。在细部刻画上一般可用水溶性彩色铅笔进行描绘，待画面完成后一定要喷上定画液加以固定，以免色粉脱落。

色粉笔一般运用于较粗糙的含棉质较多的纸张，易于色粉的附着及色牢度的提高，如新闻纸、有色纸、白板纸、素描纸、水粉纸等，都适合色粉笔的应用。在服装设计图的表现中，可配合马克笔勾线，描绘出多种不同质感的面料特点，也可单独使用，在体现厚重、粗糙的面料质感上效果极强。另外，在表现反光面料的质感上也具有自己独到的特点。

初学者在使用时，建议先用铅笔简单勾画出草图，再按步骤深入完成。另外，可尝试用手指涂抹，色粉笔会产生丰富而奇妙的肌理效果。

步骤一

步骤二

步骤一：

　　用色粉笔表现时，首先要用铅笔起形，把所画的人体动态与服装造型勾画准确，并将其褶裥位置、光影效果及人物五官表现出来，之后用黑色色粉笔对帽子、围腰、手套的皮革部分及反光效果做概括式处理。

　　对于初学者来说用线求准，勿求快。因为色粉笔不同于其他颜色材料，上色范围不好控制，如果基础的造型不准，上色就很难把握了。

步骤二：

　　用肉粉色的色粉笔勾画人物面部的化妆及露在服装外面的颈部与上臂的重点部位，再用黑色色粉笔对服装的背光部分与皮革部分进行深入刻画，作概括式的处理。

　　建议可用擦笔蘸着色粉勾画脸部及服装的细节。

步骤三

步骤三：

　　在深入阶段，首先用草绿色色粉笔将裙子的色彩按光影及褶裥的特点表现出来，接着用粉绿色粉笔勾画出服装背光部分的褶裥，来增加服装的体积感。再使用浅肉色的色粉笔深入刻画人物的面部化妆。

　　用湖蓝色的色粉笔勾画皮革部分的背光区域，以增加其质感的反光效果。

步骤四：

　　进入到最后调整阶段，用墨绿色、深蓝色深入表现服装的整体效果，并加重背光部分，但局部亮面一定要留白。

　　用玫红色色粉笔勾画腰带部分，对人物面部进行细致的刻画，并加深勾画眼线、眼影、眉毛等部位，这样可起到画龙点睛的作用。最后用灰色、粉绿色粉笔画出背景的颜色，这样才能使画面中的人物与服装达到整体统一效果。

步骤四

案例解读

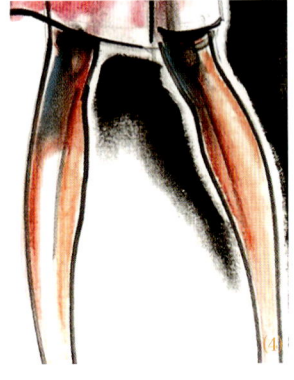

服装效果图有时会将整体的画面氛围作为重点，带有激情地去表现，背景的色彩为烘托人物着装后的整体效果起到主要作用。

(1)脸部化妆与发型的表现；
(2)飘动的丝巾使画面整体静中有动；
(3)服装结构的留白与上色表现；
(4)腿部的反光与阴影；
(5)云雾状背景色的表现。
作品使用画具：油性马克笔、色粉笔、素描纸。

第四章 服装设计图的表现技法 87

作品使用画具：油性马克笔、色粉笔、透明性水彩、素描纸。

技法宝典

这是一张课上的示范画，大多数学生对色粉的表现技法较为生疏，而且在描绘时总是不知如何深入，所以当时用学生借来的一套深色西装并穿在人台上，进行技法演示。在用色粉笔表现条纹或格子的面料时，首先要仔细观察光影下的纹理特征及条格随人体动态造型所产生的伸缩变化，并注意亮面的留白及服装褶裥的效果。

经典赏析

矢岛功作品欣赏

作品表达的画面丰富而极具动感,作者利用模特儿动态造型所产生服装褶皱的变化,较好地运用了色粉笔的特点,体现出面料的肌理变化,并通过画面整体的线条、褶皱、色彩的变化产生了具有浪漫情调的韵律美。

作品使用画具:铅笔、炭棒、色粉笔、透明性水彩、制图纸。

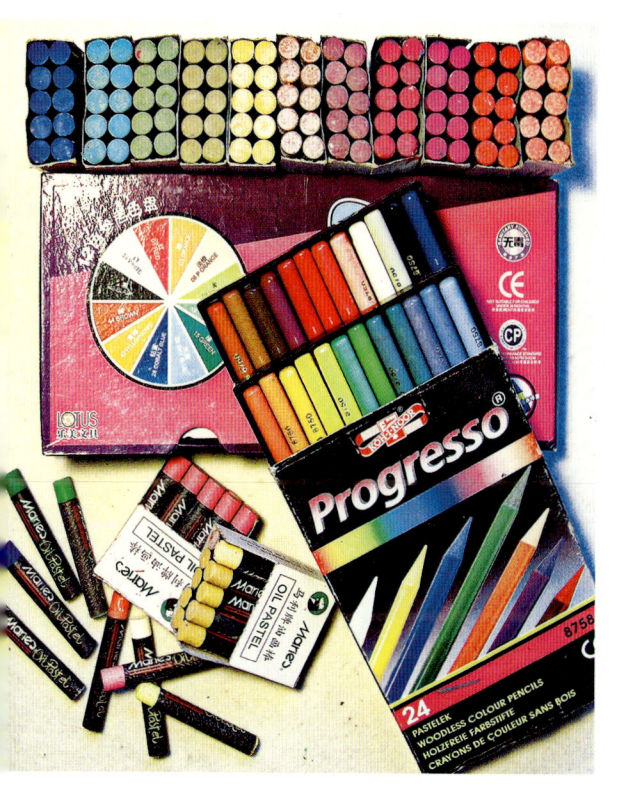

四、油画棒的表现技法

油画棒是一种传统的绘画工具，其上色的肌理丰富粗犷、富有变化，其色彩艳丽且覆盖力强，可结合水彩色表现出雪纺等轻薄面料的图案纹样，并可在平涂后，用刀片刮去部分上色获得涂层面料的效果，还适合表现粗纺类或毛衫类的服装材料的效果。

步骤一：

在用油画棒表现时，一般先要用铅笔起形，把所画的人体动态与服装造型勾画准确，并将其褶裥位置、光影效果及人物五官的化妆效果表现出来。在勾画时要注意表达模特儿的动态造型与围巾飘起的呼应，并在模特儿身体周围画一些辅助线，来增加其动感效果。

步骤二：

用黑色油画棒用力涂画帽子与裤子的皮革背光部分，在皮革反光处用湖蓝色的油画棒概括式地勾画，用肉色、橙色、土红色的油画棒表现出人物面部的化妆效果及肩部和手部的肤色。

建议在表现面部化妆时，不要把颜色涂满，要留出亮面，不然会变得很平，没有立体感。另外，在画肩部、手部的颜色时，要按照其结构进行描绘。

步骤三：

在深入阶段，首先用蛋黄色的油画棒在上衣做概括式的处理，再使用橙黄色油画棒按面料纹理与褶皱特点进行勾画，以突出面料的肌理效果，最后用黑色油画棒勾画豹皮纹的黑斑图案。

另外，用浅蓝色、玫红色的油画棒勾画围巾的区域。

步骤四：

进入到最后调整阶段，先用蛋黄色、橙红色深入表达上衣的肌理效果，并用翠绿色勾画服装的背光部分，用青莲色油画棒深入刻画围巾的阴影部分，使之产生较强的体积感和飘逸感。最后针对面部化妆及皮革部分，作进一步的刻画。

画面的背景部分可用桃红色油画棒勾画，涂好后可用刀子刮去浮色，这样会使服装的整体效果更为突出。

案例解读

这是一张课堂写生画稿，写生时，一般最好要与模特儿相距3—4米的距离，观察人物的动态与服装的造型、面料的肌理特征，并利用观察的第一感觉来表达服装整体设计效果。

(1) 脸部化妆与发型的表现；
(2) 前胸剪纸状装饰效果的表现；
(3) 飘逸的羽毛披肩的表现；
(4) 手套上传统印花布的色彩表现。

作品使用画具：油画棒、4B铅笔、水彩纸。

第四章 服装设计图的表现技法 93

案例解读

  油画棒这种绘画工具并不适合表现所有的面料质感及服装细节的刻画，但针对皮革、针织及大花图案的雪纺面料都能有较好的肌理效果。由于一张服装设计图不能花费太多时间，因此针对面料的特征准确地选择好绘画工具，并能熟练地使用，使之产生最佳的画面效果，是服装效果图技法表现中非常重要的内容。
  (1)简洁的人物脸部的表现；
  (2)褶裥的悬垂与色彩变化的表现；
  (3)油画棒涂抹的肌理效果；
  (4)红色里布衬托下的黑色丝袜表现。
  作品使用画具：不透明性水彩、油画棒、水溶性彩色铅笔、素描纸。

经典赏析

左图画面技法娴熟,用笔自然流畅,通过服装上留白的处理,巧妙地表现出服装的光影效果及体积感,人物刻画细腻生动。

右下图表现技法简洁、熟练,以生动的线条表现出服装结构造型与面料肌理的特征。

作品使用画具:油画棒、油彩铅笔、马克笔。

作者:熊谷小次郎(日本)

色粉笔和马克笔(孙戈)

2000 SUMMER FASHION TRENDS
WOMENSWEAR THE STYLING BOOK

五、水彩色的表现技法

水彩色的种类较多,如:彩色墨水、水彩笔、水彩颜料等,都是服装设计图中新型的颜色材料。

水彩色的色彩鲜艳而透明,适合大面积的染色。其表现效果丰富多样,可表现出不同面料的质感特征,如与其他颜色材料配合使用,将会获得更加完美的效果。

建议与马克笔、水溶笔配合使用,将会获得完美的效果。

不透明性水彩技法(熊谷小次郎)

步骤一：

在用水彩颜色表现时，可先用铅笔将所画的人体动态与服装造型勾画好，并将人物五官面部的化妆及服装款式的细节设计刻画清楚。

对于初学者来说水彩颜色的干湿效果不好控制，所以上色时，一般要把握先浅后重、先亮后暗的顺序。

步骤二：

在画风衣时，首先将水彩调成棕黄色，按服装的结构和衣褶的特点做概括式处理，但要留出服装的受光部分。等颜色稍干后，进行第二次渲染。另外，用黑色表现服装的其他部分，面部的眼影要用叶筋勾画。

步骤三：

在深入阶段，首先用群青色和大红色的水彩勾画围巾的纹样图案及明暗关系，待稍干后，按此技法渲染两遍。然后进一步刻画帽子、腰带、鞋的皮革反光效果。另外，用浅棕色勾画人物的手部和腿部。

步骤四：

进入到最后调整阶段，用深棕色反复渲染风衣、帽子、靴子等部位，待颜色完全干后，用蛋黄色罩染整个风衣、帽子、靴子，用水红色罩染面部腮红及眼影。

最后在表现背景时，先用宽板刷蘸上清水涂抹背景色的区域，使纸张湿润后，再蘸上橙黄色水彩涂抹、喷洒在其背景区域。

案例解读

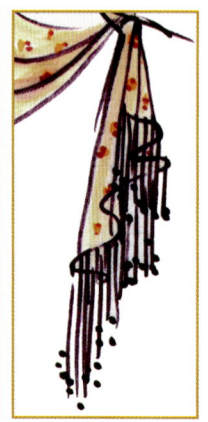

　　这是一张带有速写风格的设计图,人体的造型夸张并富有动感,服装的用线生动而不零乱、张弛有度、自然随意,一气呵成,较好地刻画出了轻薄面料的悬垂与飘逸,把带有异域风格的设计理念表达得恰到好处。

　　作品使用画具:油性马克笔、透明性水彩、荧光马克笔、新闻纸。

第四章 服装设计图的表现技法 99

案例解读

　　先在调色盒中调好适量的颜色，这里有围巾的橙红色、外套的深棕色、背心的深紫色、裤子的青莲色等，将颜色逐一平涂在对应的服装上。待干后，迅速用吹风机吹干定型，再用砂纸打磨外套的背光部分，使之产生麂皮的毛绒效果后，再用油彩铅笔勾画服装的褶皱及反光。最后用白色与金色漆笔分别画出服装的高光及马甲的纹样图案。

　　作品使用画具：油性马克笔、不透明性水彩、油彩铅笔、漆笔、水彩纸。

右下图是一组带有构成主义风格的系列设计,人物动态活泼、服装造型准确,设色用线简洁明快,画面整体感较强,但在细节上的刻画缺乏深入的描绘。

作者:2001级服装设计专业　郭岩

左上图较好地体现出轻薄面料的质感及波浪式褶边的飘逸效果,用色清淡、干净,画面紧凑,较好地体现出款式设计的效果,但人物之间的造型缺乏联系,刻画不够生动,结构比例不够准确。

作品使用画具:透明性水彩、签字笔、素描纸。

作者:2001级服装设计专业　舒行贤

即时训练

1. 参考服装摄影资料,分别画出十套春夏或秋冬季符合当下流行趋势的女装款式图。

2. 参考相关服装资料,分别画出20世纪40年代、60年代、80年代男性西装款式图。

3. 通过男、女动态造型写生,分别完成同一动态、两个不同角度的速写画法训练。

4. 运用马克笔勾画出女人体在行进过程中,两个不同姿态的默写训练,并选择两套不同风格的服装画绘制在人体上。

5. 采用五种不同的颜色材料与工具进行组合,针对同一款式的时尚女装,完成2—3张效果图绘制。

6. 参考服装摄影资料,选择三种最适合的颜色材料与工具进行组合,分别完成三套不同的男、女装彩色效果图。

第五章 服装设计图的应用实例

102	第一节 产品款式图的应用设计
102	一、针织服装的款式图表达
104	二、梭织服装的款式图表达
106	三、皮革服装的款式图表达
107	第二节 参赛效果图的应用设计
107	一、女装效果图的应用设计
118	二、男装效果图的应用设计

第五章　服装设计图的应用实例

第一节　产品款式图的应用设计

服装款式图是在服装行业设计生产过程中，运用最为普遍的一种表现形式。它的表现内容包括：服装款式的外形廓线、结构比例及工艺细节，基本上不表现人体的着装状态及整体搭配效果。只将设计构思勾画成服装款式，故称之为服装款式图。但所画服装的造型比例及透视，要符合人体比例的基本特征。服装款式图的表现形式为服装款式的正、背面造型，并针对服装结构造型的设计意图及采用面料、色彩搭配、工艺要求等环节，加以说明。

以下通过款式图的实际范例，来介绍服装行业在款式图表现上的具体要求。

一、针织服装的款式图表达

针织服装的特点是：材质柔软，富有弹性，肌理与纹样鲜明突出。因此，款式图的表达重点在于要借助人体的外形曲线变化来表达针织服装的弹性与垂感，另外要注重表达针织服装的针法工艺的纹样效果。

本章引言

在我国的服装专业院校里，开设服装设计图技法课程的主要目的是为学生掌握服装款式图及服装效果图的表现技法，一为工作中的设计应用，二为参加服装设计大赛的设计表达。本章通过产品款式图与参赛效果图的大量实例让学生了解认识在应用设计中的具体要求。

本章重点

产品款式图的应用设计
参赛效果图的应用设计

本章难点

产品款式图的应用设计
参赛效果图的应用设计

建议课时

24课时

图一　休闲针织女装的系列设计

第五章 服装设计图的应用实例 103

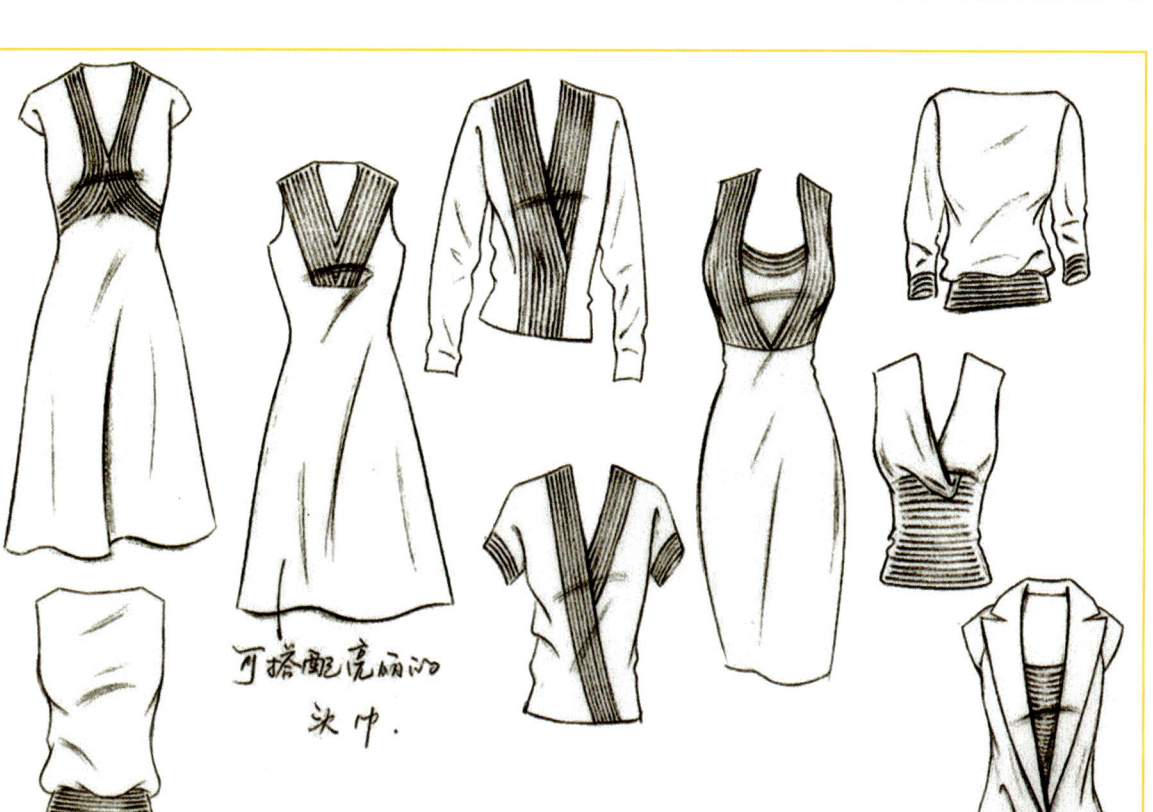

图二 优雅针织女装的系列设计

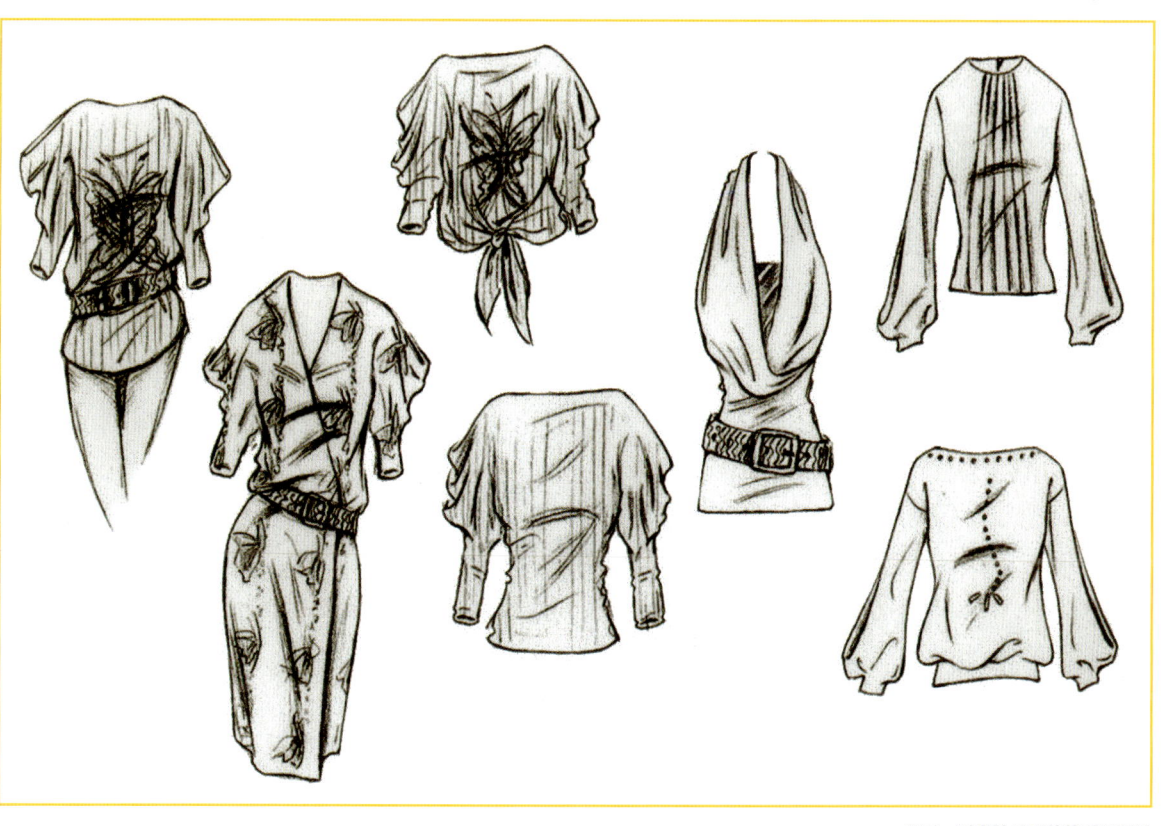

图三 时尚针织女装的系列设计

二、梭织服装的款式图表达

梭织服装的特点是：材质肌理变化丰富，其服装廓线突出、结构分割明显。梭织面料的拉力与针织面料相比较弱，故而款式图的表达一要表达出服装的外轮廓线，二要表达出内部结构的分割特点，三要注重表达设计细节的工艺效果。另外，梭织服装的面料肌理与图案纹样也是非常重要的。

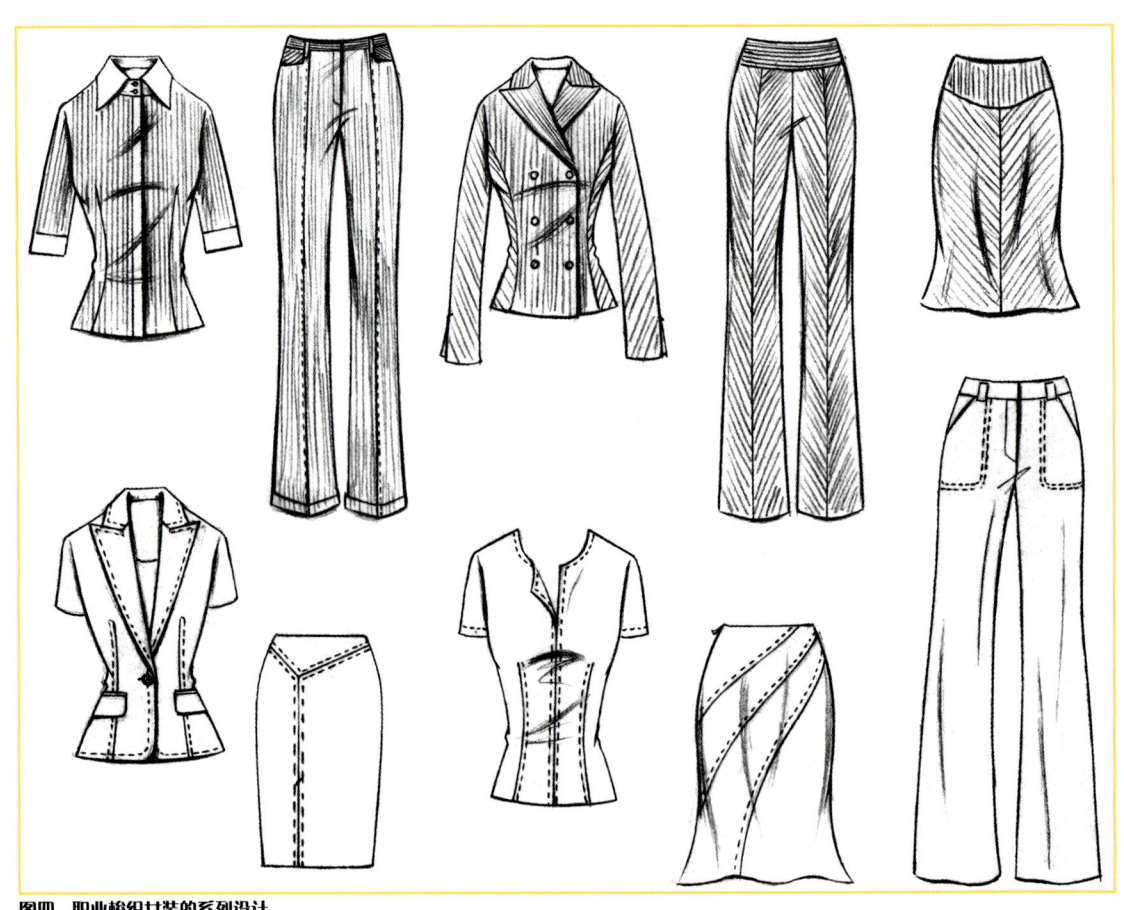

图四　职业梭织女装的系列设计

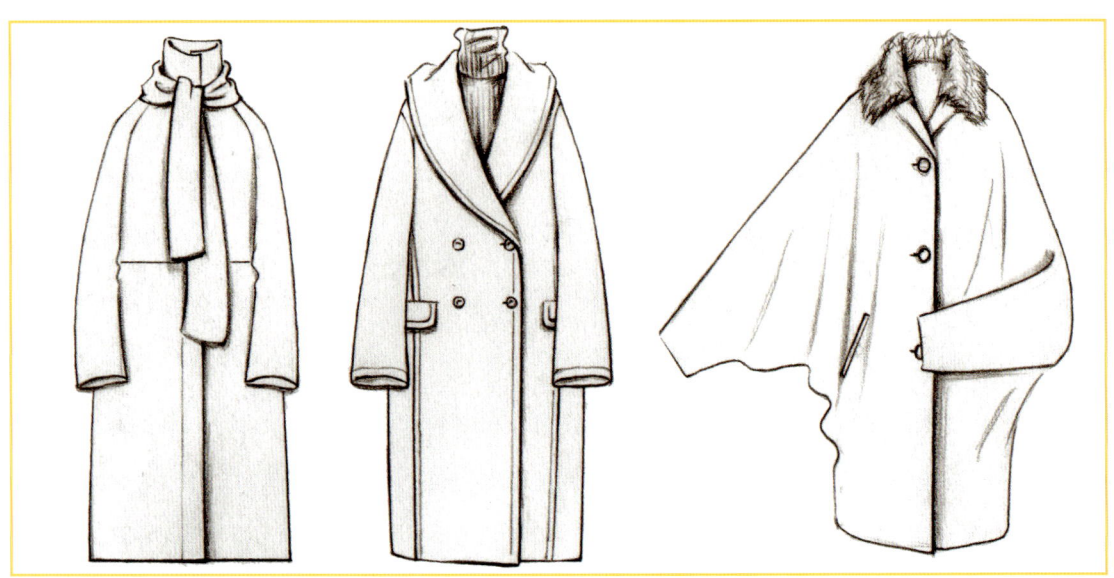

图五　休闲女大衣的系列设计

第五章 服装设计图的应用实例 105

图六、图七 这是两组未加修饰的设计手稿，看起来有些零乱，但内容却十分丰富，有时会在图上加注一些结构及工艺要求与搭配方式，在设计工作当中非常实用。

三、皮革服装的款式图表达

皮革服装的特点是：材质挺括，肌理丰富，反光突出，悬垂性较弱，服装外形与结构分割明显。

故而款式图的表达一要突出表现皮革的反光效果与肌理变化，二要表现出结构分割的设计特点，三要注重表现明线的位置及细节的设计要求。另外，皮革服装多与裘皮相搭配，皮毛的肌理表现也是非常重要的。

技法宝典

从以上男女皮革服装的成衣图片与最初款式图的设计进行比对，其效果基本一致，所以，我们在表现款式图时，结构比例及造型细节等内容是非常关键的。以上这些图的使用画具为较软的全铅铅笔和擦笔。另外，在表现皮革材料时，一定要通过褶皱及缝制特征来表现皮革的反光效果，以此也可表现出皮革服装厚重挺括的体积感。

第二节 参赛效果图的应用设计

服装效果图是服装专业教学及品牌服装企业，在完成设计构思过程中的重要训练形式与表现手段。

参赛效果图是以主题系列设计的整体风格表现出服装造型的设计意图，并结合人体的动态造型充分地体现出着装后的整体效果与形式状态。在服装造型的表现上，要认真准确地反映出服装款式的结构特征和细节变化。在人物造型的表现上，也要反映出年龄、气质及体形特征，并要着重强调出脸部化妆、发型及服饰搭配的时尚性，并与服装形成完美统一的整体效果。最后将面料小样及灵感源、设计主题、构思加以文字说明。

以下通过参赛效果图的实际范例，来系统地介绍其特征和规范要求。在不同的设计大赛中，如何来表现男装或女装的设计构思，是摆在每个参赛者面前的首要问题，也是传达自己创作意图的重要课题。

一、女装效果图的应用设计

知识链接

在表现参赛效果图时，首先要根据大赛的要求，确立效果图表现风格。另外要注重系列服装中人物造型的变化与统一，并注意效果图整体的画面安排及形式设计。

案例解读

此幅系列设计的主题为"黄河之恋"，是2005年"大连杯"中国青年服装设计大赛的入选作品。在效果图中较好地体现了服装设计的理念，以自然流畅的线条精准地勾画出每套服装的结构造型，以写意的形式表现出了服装纹样特征及面料肌理的光影效果。画面风格简洁统一，较好地表达了此系列主题的创意构思。

牛仔服装系列设计　主题："祥云"　"大连杯"青年设计师服装设计大赛入选作品

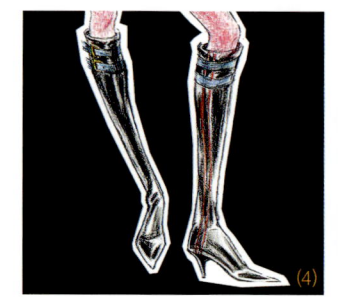

案例解读

　　此系列服装效果图构图丰满，形式完整，人物性格与面部化妆的刻画生动而丰富，面料质感特征的描绘准确而细腻，并在服装细节的处理上深入具体。整幅作品较好地表现出设计理念与创意形式。
　　(1)人物面部化妆与衣领的表现；
　　(2)下垂褶皱与腰包的表现；
　　(3)水洗牛仔裤与图案的表现；
　　(4)腿部的造型与皮靴的表现。
　　作品使用画具：水溶性彩色铅笔、黑灰色油性马克笔、擦笔、水彩纸、黑色卡纸。

皮革服装系列设计　主题："丝路花雨"　"应大杯"中国皮革服装设计大赛入选作品

经典赏析

　　此系列服装效果图的表现形式安静自然，贴近主题，富有创意。背景中的文字设计，如花雨般地下落。整个系列的设色淡雅，人物化妆与造型唯美优雅，与构思灵感相得益彰，较好地体现了作品浪漫、怀旧的构思意境。

　　(1)人物面部化妆与发型的表现；
　　(2)下垂荷叶袖与衣身结构的表现；
　　(3)手套造型与腰带的表现；
　　(4)行走的脚步造型与靴子的表现。
　　作品使用画具：水溶性彩色铅笔、透明性水彩色、全铅式铅笔、擦笔、水彩纸、黑色卡纸。

案例解读

这是一幅以表现几何造型为创作灵感的设计作品。用线肯定而精准，因服装的外部廓型与内部结构变化较大，故人体动态基本采用一致的造型，通过在服装的衣袖与人物的造型上略施淡彩，使之既表现出了服装几何块面的立体效果，又烘托出了三款服装主体设计的造型特征。

创意服装系列设计

此系列设计采用叶筋笔勾画而成，线条凝重且体积感极强。在表现时，首先用淡墨勾画出轮廓，待干后，再用重墨勾画略带建筑元素的袖子造型与结构廓线，最后施加淡色突出服装的质感。在表现袖子的悬垂效果及披肩的造型上，用线一定要准确肯定、流畅自然，这样才能较好地表达出作者的设计意图。

成衣服装系列设计

第五章 服装设计图的应用实例　111

女装创意系列设计　主题："雪域恋歌"　中国"师生杯"大赛服装大赛入选作品

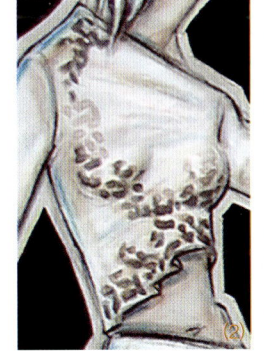

案例解读

这是一幅表现创意设计的系列服装效果图，主题"雪域恋歌"。画面构图严谨，设色淡雅，人物动态自然统一。整幅作品用线准确肯定，较好地体现了设计理念。

(1)脸部带有装饰效果的化妆表现；
(2)衣身造型上的纹样表现；
(3)下垂的袖子造型与纹样的表现；
(4)裹皮毛靴的造型表现。

作品使用画具：水溶性彩色铅笔、不透明性水彩色、全铅式铅笔、擦笔、素描纸、黑色卡纸。

案例解读

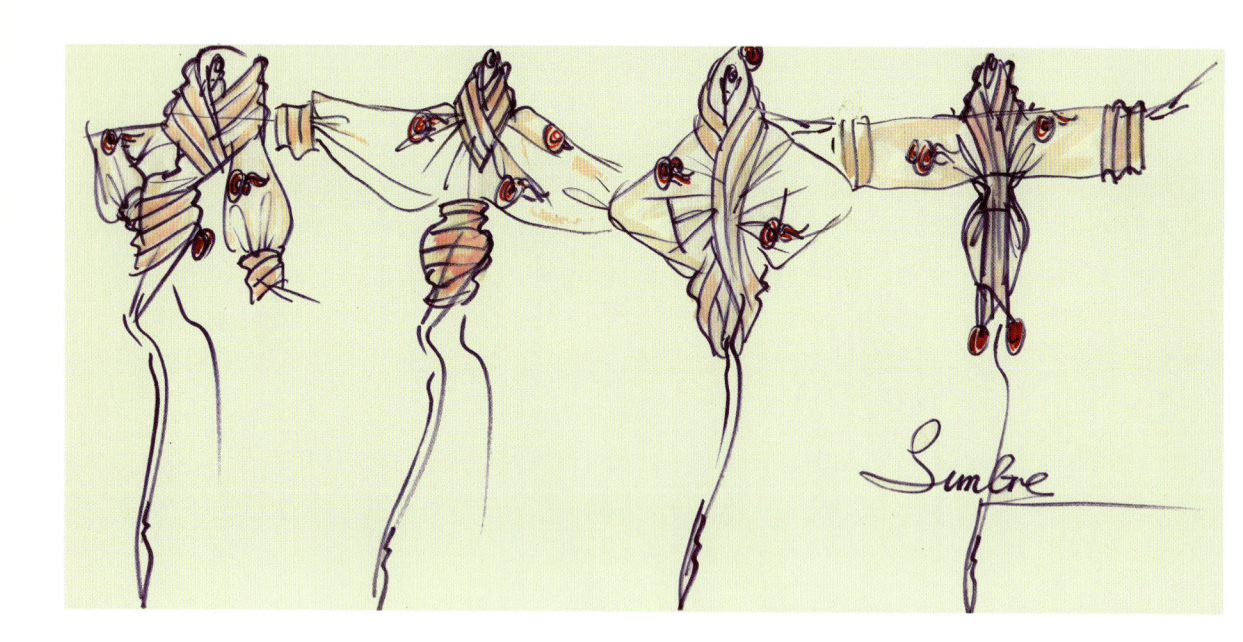

上图：重点体现在系列创意设计中款式廓型的变化特征，线条流畅而优雅，在把握服装的外部廓型与内部结构的表现上恰到好处。通过夸张的人体比例突出了服装的概念设计效果。

下图：采用同一种模特儿的动态造型以服装速写式画法表现，动势优美且夸张。作者目的在于表现其服装造型的创意与特点，使之产生整体而富有变化的系列设计特征。

女装创意系列设计　主题："大漠僧侣"

作品使用画具：0.5mm签字笔、透明性水彩色、漆笔、高级复印纸。

女装系列设计 主题:"柳浪闻莺" 中国"新闻杯"服装设计大赛入选作品

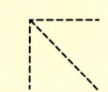

案例解读

此幅系列服装设计的主题为"柳浪闻莺"。整幅效果图设色艳丽丰富,面料质感的表现细腻简洁,但使用的绘画工具却只有水彩笔与彩色铅笔,所以熟悉绘画工具,掌握其特性及表现效果,是一张服装效果图成功的关键。

(1)裙子与丝袜的色彩表现;
(2)下摆与裤子的色彩表现;
(3)纱质单肩式内衣的色彩表现;
(4)纱质绣花衣身的色彩表现。

作品使用画具:水溶性彩色铅笔、水彩笔、黑灰色油性马克笔、擦笔、高级复印纸。

第五章 服装设计图的应用实例 115

环环相扣

这是一幅手绘与电脑绘图软件相结合的服装设计图，画面效果整体统一，装饰性较强，服装结构造型清晰明确，表现形式紧扣主题，但人物动态的变形扭曲缺乏运动命题的表现美感。

主题："环环相扣" "中华杯"中国国际服装设计大赛　　作者：2002级服装设计专业 王嘉乐

此幅效果图装饰效果较强，民族元素的设计形式丰富，技法运用熟练，画面整体效果完整，但五官及发型的描绘过于简单，使整幅作品缺少重点。

作者：2006级服装设计专业 纪洁

主题:"津门之醉" "中华杯"中国国际服装设计大赛入选作品　　　作者:2006级服装设计专业　纪洁

主题:"小楼东风" "中华杯"中国国际服装设计大赛入选作品　　　作者:2006级服装设计专业　骆延

第五章　服装设计图的应用实例　117

主题："仙蒂杜拉的舞会"　"新人奖"中国青年服装设计大赛作品　作者：2007级服装设计专业　李颖

化妆舞会　海盗

主题："化妆舞会——海盗"　中国"学院杯"服装设计大赛　作者：2006级服装设计专业　肖扬

二、男装效果图的应用设计

男装系列设计 主题："带你去西部吹吹风" 中国"师生杯"大赛服装大赛入选作品

(1)人物面部五官与发型的表现技法；(2)领形与衣身结构造型的表现技法；(3)裤口褶裥与鞋子造型的表现技法。
作品使用画具：油性马克笔、水溶性彩色铅笔、不透明性水彩色、素描纸、油性彩色铅笔。

男装系列设计 主题："神曲" "中华杯"中国国际服装设计大赛入选作品

(1)人物面部五官与发型的表现技法；(2)领形与衣身结构造型的表现技法；(3)裤口褶裥与鞋子造型的表现技法。
作品使用画具：油性马克笔、水溶性彩色铅笔、不透明性水彩色、素描纸、油性彩色铅笔。

男装创意系列设计　主题："接天"（一）

四幅小图为不同衣褶结构造型的表现形式；

经典赏析

　　此组系列服装设计的主题为"接天"，是1998年在香港理工大学学习时的设计作业。在效果图的表现中，人物性格突出，动态造型严谨，设色浓重统一，服装结构清晰明确，面料质感及图案纹样的刻画细腻丰富。以写实的手法，较为准确地体现主题的设计意境与创意理念。

　　作品使用画具：油性马克笔、水彩笔、彩色铅笔、高级复印纸。

男装创意系列设计 主题："接天"（二）

四幅小图是不同部位图案纹样的表现形式

即时训练

1. 通过市场调研，选择6—8款某时尚梭织女装品牌的成衣产品，经过对色、形、质及结构工艺的观察与研究，画出符合生产要求的款式图。
2. 通过市场调研，选择6—8款某商务男装品牌的成衣产品，经过对色、形、质及结构工艺的观察与研究，画出符合生产要求的款式图。
3. 通过市场调研，选择6—8款某休闲针织品牌的成衣产品，经过对色、形、质及结构工艺的观察与研究，画出符合生产要求的款式图。
4. 通过市场调研，选择6—8款某时尚皮衣品牌的成衣产品，经过对色、形、质及结构工艺的观察与研究，画出符合生产要求的款式图。
5. 参照某成衣设计大赛的要求及获奖作品的成衣图片，完成4—6套系列设计的彩色效果图，作品规格：40cm×60cm，并附灵感源、主题、设计构思、面料小样及概念图片。
6. 参照某创意服装设计大赛的要求及获奖作品的成衣图片，完成4—6套系列设计的彩色效果图，作品规格：40cm×60cm，并附灵感源、主题、设计构思、面料小样及概念图片。
7. 参照某皮衣设计大赛的要求及获奖作品的成衣图片，完成4—6套系列设计的彩色效果图，作品规格：40cm×60cm，并附灵感源、主题、设计构思、面料小样及概念图片。
8. 参照某内衣设计大赛的要求及获奖作品的成衣图片，完成4—6套系列设计的彩色效果图，作品规格：40cm×60cm，并附灵感源、主题、设计构思、面料小样及概念图片。
9. 参照某礼服设计大赛的要求及获奖作品的成衣图片，完成4—6套系列设计的彩色效果图，作品规格：40cm×60cm，并附灵感源、主题、设计构思、面料小样及概念图片。

参考书目：

1 《服装绘画与造型设计》Hannelore Eberle（德）著　中国纺织大学出版社出版
2 《矢岛功时装画作品集》矢岛功（日）著　江西美术出版社出版
3 《矢岛功人像画技法》矢岛功（日）著　江西美术出版社出版
4 《新时装插图》熊谷小次郎（日）著　天津人民美术出版社出版
5 FASHION TRENDS WOMENSWEAR THE STYLING BOOK

后记

　　服装设计图技法是学习服装设计专业的学生必须掌握的专业技能，是表达自己设计构思，向服装设计大赛和服装企业提供设计稿件的最直接的视觉传达手段，所以，能够准确地勾画出服装结构、造型、工艺、材料、细节及人着装效果等内容，是判断一名服装设计师专业水平的标准之一。对于初学服装设计专业的学生和广大的服装爱好者来说，服装画不能完全等同于服装设计图，不能用夸张变形及装饰性的绘画语言代替服装设计图中准确严谨的设计元素。服装设计图技法的学习是一个随专业实践不断加强和完善的过程，应从临摹开始，在逐步练习中，探索技法的基本形式及自我风格的表现。同时，还要注重技法在应用中与设计构思的结合，使表现更好地为设计服务。

　　本教材所选用的范图资料是我近几年的设计作品和国外大师的优秀效果图，另外，还有一些专业师生所提供的近期优秀设计作品，在此表示衷心的感谢。愿此书能为广大的专业学生和服装爱好者提供一些启迪与帮助。

编者